U0209728

技工院校一体化课程教学改革规划教材

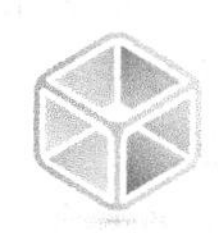

# 水中有机物指标分析工作页

SHUIZHONG YOUJIWU
ZHIBIAO FENXI
GONGZUOYE

李椿方 ◎主编　刘保献 ◎副主编
童华强 ◎主审

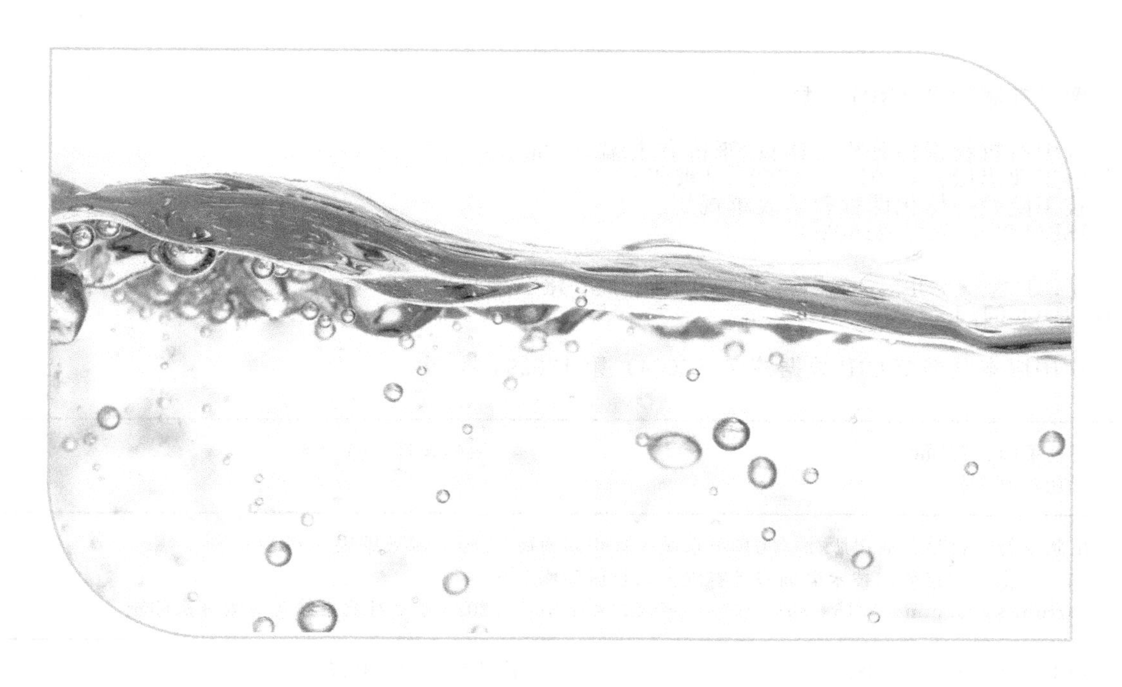

化学工业出版社
·北京·

本书主要包含“地表水中苯、甲苯、乙苯、二甲苯、苯乙烯含量分析”、“地表水中挥发性卤代烃含量分析”、“地表水中邻苯二甲酸丁酯含量分析”、“地表水中多环芳烃含量分析”四个环境保护与检测专业高级工学习任务，通过学习任务来整合环境保护与检验专业技师学生处理和解决疑难问题中涉及的技能点和知识点。

本书适合相关专业教师、师生及技术人员参考阅读。

**图书在版编目(CIP)数据**

水中有机物指标分析工作页/李椿方主编．—北京：化学工业出版社，2016.1（2025.3重印）
技工院校一体化课程教学改革规划教材
ISBN 978-7-122-21602-1

Ⅰ.①水…　Ⅱ.①李…　Ⅲ.①水质分析-化学分析
Ⅳ.①O661.1

中国版本图书馆CIP数据核字（2014）第176294号

责任编辑：曾照华　　装帧设计：韩　飞
责任校对：吴　静

出版发行：化学工业出版社（北京市东城区青年湖南街13号　邮政编码100011）
印　　装：北京科印技术咨询服务有限公司数码印刷分部
787mm×1092mm　1/16　印张11¾　字数284千字　2025年3月北京第1版第3次印刷

购书咨询：010-64518888　　售后服务：010-64518899
网　　址：http://www.cip.com.cn
凡购买本书，如有缺损质量问题，本社销售中心负责调换。

定　　价：35.00元

# 序

所谓一体化教学的指导思想是指以国家职业标准为依据，以综合职业能力培养为目标，以典型工作任务为载体，以学生为中心，根据典型工作任务和工作过程设计课程体系和内容，培养学生的综合职业能力。在“三三则”原则的基础上，在课程开发实践中，我院逐步提炼出课程开发“六步法”：即一体化课程的开发工作可按照职业和工作分析、确定典型工作任务、学习领域描述、项目实践、课业设计（教学项目设计）、课程实施与评价六个步骤开展。借助“鱼骨图”分析技术，按照工作过程对学习任务的每个环节应学习的知识和技能进行枚举、排列、归纳和总结，获取每个学习任务的操作技能和学习知识结构；同时，利用对一门课的不同学习任务鱼骨图信息的比较、归类、分析与综合，搭建出整个课程的知识、技能的系统化网络。

一体化课程的工作页，是帮助学生实现有效学习的重要工具，其核心任务是帮助学生学会如何工作。学习任务是指典型工作任务中，具备学习价值的代表性工作任务。学习目标是指完成本学习任务后能够达到的行为程度，包括所希望行为的条件、行为的结果和行为实现的技术标准，引导学习者思考问题的设计。为了提高学习者完成学习任务的主动性，应向学习者提出需要系统化思考的学习问题，即“引导问题”，并将“引导问题”作为学习工作的主线贯穿于完成学习任务的全部过程，让学生有目标地在学习资源中查找到所需的专业知识、思考并解决专业问题。

本书以环境保护与检测专业水质分析中典型工作任务为基础，以“接受任务、制定方案、实施检测、验收交付、总结拓展”五个工作环节为主线，详细编制了分析检验操作过程中的作业项目、操作要领和技术要求等内容。本书的最大特点是突出了“完整的操作技能体系和与之相适应的知识结构”的职业教育理念，精心设计了“总结与拓展”环节，并制定了教学环节中的“过程性评价”。本书章节编排合理，内容系统、连贯、完整，图文并茂，实操性强，具有较强的实用性。在本书的编写过程中，我们得到了北京市环境保护监测中心、北京市城市排水监测总站有限公司、北京市理化分析测试中心等单位的多名技术专家老师的指导，在此表示衷心的感谢。

**编者**

**2015 年 6 月**

# 前 言



本书针对全国开设环境保护与检验专业水质分析检测的技工院校和中职学校。

本书是针对环境保护与检验专业中水质分析检测方面一体化技师班学习“水中有机物指标分析”专业知识编写的一体化课程教学工作页。本书主要包含“地表水中苯、甲苯、乙苯、二甲苯、苯乙烯含量分析”、“地表水中挥发性卤代烃含量分析”、“地表水中邻苯二甲酸丁酯含量分析”和“地表水中多环芳烃含量分析”四个环境保护与检测专业高级工学习任务，通过四个学习任务来整合环境保护与检验专业学生处理和解决疑难问题中涉及的技能点和知识点。适合相关专业教师、学生及技术人员参考阅读。

本书主要使用引导性问题来引领学生按照六步法的顺序完成学习任务。书中大量使用仪器图片及结构原理图片，使学生在学习上直观易懂，在问题设置上前后衔接紧密。不论是教师教学还是学生学习都能按照实际工作流程一步一步完成任务，真正做到一体化教学。

由于编者水平有限，书中难免有不妥之处，敬请广大读者指正。

编者

2015 年 8 月

# 目　录

水中有机物指标分析工作页
SHUIZHONG YOUJIWU ZHIBIAO FENXI GONGZUOYE

# 学习任务一

# 地表水中苯、甲苯、乙苯、二甲苯、苯乙烯含量分析

# 任务书

## 一、任务情景描述

现有投资方华腾公司对焦化厂公园进行投资升级，北京焦化厂南厂区设计为商业区，写字楼等商业配套正在即将开工建设。但是，由于其所处位置为焦化厂工业遗址附近，焦化厂在运营期间产生大量炼焦副产物，炼焦副产物中存在苯、甲苯、乙苯、二甲苯、苯乙烯等有机物，可能影响企业立项前的环境评估。投资方委托我院分析检测中心对焦化厂遗址附近的水体进行苯系物的分析，中心主任安排两名高级工来完成。要求在一周内按照水质标准要求，制定检测方案，完成分析检测，并给投资方出具检测报告。

工作过程符合5S规范，检测过程符合国标GB 13194—91和中华人民共和国地表水环境质量标准GB 3838—2002要求。

## 二、学习活动及课时分配表(表1-1)

表1-1　学习活动及课时分配表

| 活动序号 | 学习活动 | 学时安排 | 备　注 |
| --- | --- | --- | --- |
| 1 | 接受任务 | 6学时 | |
| 2 | 制定方案 | 12学时 | |
| 3 | 实施检测 | 32学时 | |
| 4 | 验收交付 | 4学时 | |
| 5 | 总结拓展 | 6学时 | |

# 学习活动一 接受任务

本活动将进行6学时，通过该活动，我们要明确“分析测试业务委托书”中任务的工作要求，完成苯系物含量的测定任务。具体工作步骤及要求见表1-2。

表1-2 具体工作步骤及要求

| 序号 | 工作步骤 | 要求 | 学时 | 备注 |
| --- | --- | --- | --- | --- |
| 1 | 识读任务书 | 能快速、准确明确任务要求并清晰表达，在教师要求的时间内完成，能够读懂委托书各项内容，离子特征与特点 | 2.0学时 | |
| 2 | 确定检测方法和仪器设备 | 能够选择任务需要完成的方法，并进行时间和工作场所安排，掌握相关理论知识 | 2.0学时 | |
| 3 | 编制任务分析报告 | 能够清晰地描写任务认知与理解等，思路清晰，语言描述流畅 | 1.5学时 | |
| 4 | 评价 | | 0.5学时 | |

**表 1-3　北京市工业技师学院分析测试研究中心**

**分析测试业务委托书**

批号：　　　　　　　　　　　　记录格式编号：AS/QRPD002—10

| 顾客产品名称 | 地表水 | 数　量 | 1L |
|---|---|---|---|
| 顾客产品描述 | | | |
| 顾客指定的用途 | | | |
| 顾客委托分析测试事项情况记录 | | | |
| 测试项目或参数 | 苯、甲苯、乙苯、二甲苯、苯乙烯 | | |
| 检测类别 | √咨询性检测　□仲裁性检测　□诉讼性检测 | | |
| 期望完成时间 | √普通<br>年　月　日　□加急<br>年　月　日　□特急<br>年　月　日 | | |
| 顾客对其产品及报告的处置意见 | | | |
| 产品使用完后的处置方式 | □顾客随分析测试报告回收；<br>√按废物立即处理；<br>□按副样保存期限保存　□3 个月　□6 个月　□12 个月　□24 个月 | | |
| 检测报告载体形式 | √纸质　□软盘　□电邮 | 检测报告送达方式 | √自取　□普通邮寄<br>□传真　□电邮 |
| 顾客名称（甲方） | 北京华腾投资股份有限公司 | 单位名称（乙方） | 北京市工业技师学院分析测试研究中心 |
| 地　址 | 北京经济技术开发区科创十四街 99 号汇龙森科技园 21 号楼 | 地　址 | 北京市朝阳区化工路 51 号 |
| 邮政编码 | 101111 | 邮政编码 | 100023 |
| 电　话 | 010-56930400 | 电　话 | 010-67383433 |
| 传　真 | 010-56930500 | 传　真 | 010-67383433 |
| E-mail | Beijing@cti-cert. com | E-mail | chunfangli@msn. com |
| 甲方委托人（签名） | | 甲方受理人（签名） | |
| 委托日期 | 年　月　日 | 受理日期 | 年　月　日 |

注：1. 本委托书与院 ISO 9001　顾客财产登记表（AS/QRPD754—01 表）等效。

2. 本委托书一式三份，甲方执一份，乙方执两份。甲方“委托人”和乙方“受理人”签字后协议生效。

## 一、识读任务书

1. 请同学们用红色笔划出委托单当中的关键词，并把关键词抄在下面横线上。

________________________________________

________________________________________

________________________________________

2. 请你从关键词中选择词语组成一句话，说明该任务的要求。（要求：其中包含时间、地点、人物以及事件的具体要求）

________________________________________

________________________________________

________________________________________

3. 委托书中需要检测的项目有：苯、甲苯、乙苯、二甲苯、苯乙烯，请用化学符号进行表示，见表 1-4。

**表 1-4　检测项目**

| 序号 | 待测项目 | 化学符号 |
| --- | --- | --- |
| 1 | 苯 | |
| 2 | 甲苯 | |
| 3 | 乙苯 | |
| 4 | 二甲苯 | |
| 5 | 苯乙烯 | |

4. 本次检测的类别是____________，请你回忆一下，以前是否做过其他类别的检测，这种类别有哪些特征，与其他两种类别的检测有什么区别呢？请列表区分，见表 1-5。

**表 1-5　检测类别区分**

| 序号 | 本次（　　） | （　　） | （　　） |
| --- | --- | --- | --- |
| 1 | | | |
| 2 | | | |
| 3 | | | |

5. 任务要求我们检测水中的苯系物指标，请你回忆一下，之前检测过饮用水的哪些指标呢？采用的是什么方法（表 1-6）？

表 1-6 指标及采用方法

| 序号 | 指　标 | 采用方法 |
|---|---|---|
| 1 | | |
| 2 | | |
| 3 | | |
| 4 | | |
| 5 | | |

6. 苯系物是用来评价水质是否符合饮用的标准之一，其主要来源是什么？

7. 我国《集中式生活饮用水地表水源地特定项目标准限值》规定，这些苯系物的最高允许浓度各是多少（表 1-7）？

表 1-7 苯系物最高允许浓度

| 序号 | 名称 | 最高允许浓度/(g/mL) |
|---|---|---|
| 1 | 苯 | |
| 2 | 甲苯 | |
| 3 | 乙苯 | |
| 4 | 二甲苯 | |
| 5 | 苯乙烯 | |

8. 这些苯系物含量过高，会带来哪些危害？请查阅相关资料，以小组形式，罗列出可能带来的危害（不少于 3 条）。

（1）______

（2）______

（3）______

## 二、确定检测方法和仪器设备

1. 任务书要求____天内完成该项任务，那么我们选择什么样的检测方法来完成呢？回忆一下之前所完成的工作，方法的选择一般有哪些注意事项？小组讨论完成，列出不少于3点，并解释。

（1）________________________________

（2）________________________________

（3）________________________________

2. 请查阅《集中式生活饮用水地表水源地特定项目标准限值》GB/T __________，并以表格形式罗列出检测项目都有哪些检测方法，特征（表1-8）。

**表1-8 检测方法及特征**

| 序号 | 离子 | 检测方法 | 特征(主要仪器设备) |
| --- | --- | --- | --- |
| 1 | 苯 | | |
| | | | |
| | | | |
| 2 | 甲苯 | | |
| | | | |
| | | | |
| 3 | 乙苯 | | |
| | | | |
| | | | |
| 4 | 二甲苯 | | |
| | | | |
| 5 | 苯乙烯 | | |

3. 为了完成工作，必须参考现有的国家标准，请分组讨论标准文献查阅方法，并进行展示。

（1）________________________________

（2）________________________________

（3）________________________________

（4）________________________________

## 三、编制任务分析报告（表 1-9）

表 1-9 任务分析报告

1. 基本信息

| 序号 | 项　　目 | 名　　称 | 备　注 |
|---|---|---|---|
| 1 | 委托任务的单位 | | |
| 2 | 项目联系人 | | |
| 3 | 委托样品 | | |
| 4 | 检验参照标准 | | |
| 5 | 委托样品信息 | | |
| 6 | 检测项目 | | |
| 7 | 样品存放条件 | | |
| 8 | 样品处置 | | |
| 9 | 样品存放时间 | | |
| 10 | 出具报告时间 | | |
| 11 | 出具报告地点 | | |

2. 任务分析

(1)水中苯、甲苯、乙苯、苯乙烯、二甲苯分别采用了哪些检测方法？

(2)针对水中上述六种苯系物不同的检测方法，你准备分别选择哪一种？选择的依据是什么？

| 序号 | 检测项目 | 选择方法 | 选择依据 |
|---|---|---|---|
| 1 | 苯 | | |
| 2 | 甲苯 | | |
| 3 | 乙苯 | | |
| 4 | 二甲苯 | | |
| 5 | 苯乙烯 | | |

(3)选择方法所使用的仪器设备列表。

| 序号 | 检测项目 | 检测方法 | 主要仪器设备 |
|---|---|---|---|
| 1 | 苯 | | |
| 2 | 甲苯 | | |
| 3 | 乙苯 | | |
| 4 | 二甲苯 | | |
| 5 | 苯乙烯 | | |

## 四、评价（表 1-10）

表 1-10 评价

| 项次 | 项目要求 | | 配分 | 评分细则 | 自评得分 | 小组评价 | 教师评价 |
|---|---|---|---|---|---|---|---|
| 素养（20分） | 纪律情况（5分） | 按时到岗，不早退 | 2分 | 缺勤全扣，迟到、早退出现一次扣1分 | | | |
| | | 积极思考回答问题 | 2分 | 根据上课统计情况得1～2分 | | | |
| | | 学习用品准备 | 1分 | 自己主动准备好学习用品并齐全得1分 | | | |
| | | 执行教师命令 | 0分 | 此为否定项，违规酌情扣10～100分，违反校规按校规处理 | | | |
| | 职业道德（6分） | 主动与他人合作 | 2分 | 主动合作得2分；被动合作得1分 | | | |
| | | 主动帮助同学 | 2分 | 能主动帮助同学得2分；被动得1分 | | | |
| | | 严谨、追求完美 | 2分 | 对工作精益求精且效果明显得2分；对工作认真得1分；其余不得分 | | | |
| | 5S（4分） | 桌面、地面整洁 | 2分 | 自己的工位桌面、地面整洁无杂物，得2分；不合格不得分 | | | |
| | | 物品定置管理 | 2分 | 按定置要求放置得2分；其余不得分 | | | |
| | 阅读能力（5分） | 快速阅读能力 | 5分 | 能快速准确明确任务要求并清晰表达得5分；能主动沟通在指导后达标得3分；其余不得分 | | | |
| 核心技术（60分） | 识读任务书（20分） | 委托书各项内容 | 10分 | 能全部掌握得10分；部分掌握得6～8分；不清楚不得分 | | | |
| | | 苯系物特征及特点 | 5分 | 全部阐述清晰得5分；部分阐述得3～4分 | | | |
| | | 苯系物危害 | 5分 | 全部阐述清晰得5分；部分阐述得3～4分；不清楚不得分 | | | |
| | 列出检测方法和仪器设备（15分） | 每种苯系物检测方法的罗列齐全 | 10分 | 方法齐全，无缺项得10分；每缺一项扣1分，扣完为止 | | | |
| | | 列出的相对应的仪器设备齐全 | 5分 | 齐全无缺项得5分；有缺项扣1分；不清楚不得分 | | | |
| | 任务分析报告（25分） | 基本信息准确 | 5分 | 能全部掌握得5分；部分掌握得1～4分；不清楚不得分 | | | |
| | | 每种苯系物最终选择的检测方法合理有效 | 5分 | 全部合理有效得5分；有缺项或者不合理扣1分 | | | |
| | | 检测方法选择的依据阐述清晰 | 5分 | 清晰得5分；有缺或者无法解释的每项扣1分 | | | |
| | | 选择的检测方法与仪器设备匹配 | 5分 | 已选择的检测方法的仪器设备清单齐全，得5分；有缺项或不对应的扣1分 | | | |
| | | 文字描述及语言 | 5分 | 语言清晰流畅得5分；文字描述不清晰，但不影响理解与阅读得3分；字迹潦草无法阅读不得分 | | | |

续表

| 项次 | 项目要求 | | 配分 | 评分细则 | 自评得分 | 小组评价 | 教师评价 |
|---|---|---|---|---|---|---|---|
| 工作页完成情况（20分） | 按时、保质保量完成工作页（20分） | 按时提交 | 4分 | 按时提交得4分，迟交不得分 | | | |
| | | 书写整齐度 | 3分 | 文字工整、字迹清楚得3分 | | | |
| | | 内容完成程度 | 4分 | 按完成情况分别得1～4分 | | | |
| | | 回答准确率 | 5分 | 视准确率情况分别得1～5分 | | | |
| | | 有独到的见解 | 4分 | 视见解程度分别得1～4分 | | | |
| 合　计 | | | 100分 | | | | |
| 总分[加权平均分（自评20%，小组评价30%，教师评价50%）] | | | | | | | |
| 组长签字： | | | | 教师评价签字： | | | |
| 请你根据以上打分情况，对本活动当中的工作和学习状态进行总体评述（从素养的自我提升方面、职业能力的提升方面进行评述，分析自己的不足之处，描述对不足之处的改进措施）。 | | | | | | | |
| 教师指导意见 | | | | | | | |

# 学习活动二 制定方案

**建议学时**：12学时

**学习要求**：通过对地表水中苯系物的含量检测方法的分析，编制工作流程表、仪器设备清单，完成检测方案的编制。具体要求见表1-11。

**表1-11 具体工作步骤及要求**

| 序号 | 工作步骤 | 要求 | 学时 | 备注 |
| --- | --- | --- | --- | --- |
| 1 | 编制工作流程 | 在45min内完成，流程完整，确保检测工作顺利有效完成 | 2.0学时 | |
| 2 | 编制仪器设备清单 | 仪器设备、材料清单完整，满足离子色谱检测试验进程和客户需求 | 3.5学时 | |
| 3 | 编制检测方案 | 在90min内完成编写，任务描述清晰，检验标准符合客户要求、国标方法要求，工作标准、工作要求、仪器设备等与流程内容一一对应 | 6.0学时 | |
| 4 | 评价 | | 0.5学时 | |

## 一、编制工作流程

1. 我们之前完成了很多检测项目，你最熟悉的检测任务是什么？

分析检测项目的主要工作流程一般可分为5部分完成，分别是配制溶液、确认仪器状态、验证检测方法、实施分析检测和出具检测报告。

请回忆一下，各部分的主要工作任务有哪些呢？各部分的工作要求分别是什么？大约需要花费多少时间呢？（表1-12）

任务名称：________________

**表1-12 工作内容、评价标准及时间**

| 序号 | 工作流程 | 主要工作内容 | 评价标准 | 花费时间/h |
|---|---|---|---|---|
| 1 | 配制溶液 | | | |
| 2 | 确认仪器状态 | | | |
| 3 | 验证检测方法 | | | |
| 4 | 实施分析检测 | | | |
| 5 | 出具检测报告 | | | |

2. 请你分析该项目选择的检测方法和作业指导书，写出工作流程，并写出完成的具体工作内容和要求（表1-13）。

**表1-13 工作内容及要求**

| 序号 | 工作流程 | 主要工作内容 | 要求 |
|---|---|---|---|
| 1 | | | |
| 2 | | | |
| 3 | | | |
| 4 | | | |
| 5 | | | |
| 6 | | | |
| 7 | | | |
| 8 | | | |
| 9 | | | |
| 10 | | | |

## 二、编制仪器设备清单

1. 为了完成检测任务，需要用到哪些试剂呢？请列表完成（表1-14）。

表1-14 试剂规格及配制方法

| 序号 | 试剂名称 | 规格 | 配制方法 |
| --- | --- | --- | --- |
| 1 | | | |
| 2 | | | |
| 3 | | | |
| 4 | | | |
| 5 | | | |
| 6 | | | |
| 7 | | | |
| 8 | | | |
| 9 | | | |
| 10 | | | |

2. 为了完成检测任务，需要用到哪些仪器设备呢？请列表完成（表1-15）。

表1-15 仪器名称、规格及作用

| 序号 | 仪器名称 | 规格 | 作用 | 是否会操作 |
| --- | --- | --- | --- | --- |
| 1 | | | | |
| 2 | | | | |
| 3 | | | | |
| 4 | | | | |
| 5 | | | | |
| 6 | | | | |
| 7 | | | | |
| 8 | | | | |
| 9 | | | | |
| 10 | | | | |

3. 小测验

（1）请回忆一下，之前我们都使用了哪些仪器呢？主要用于哪些项目的分析？（表1-16）

表 1-16 仪器名称及检测项目

| 序号 | 仪器名称 | 检测项目 |
| --- | --- | --- |
| | | |
| | | |
| | | |
| | | |

（2）如何配制 1000mg/L 储备标准溶液呢（表 1-17）？

表 1-17 配制溶液

| 名称/(1000mg/L) | 采用的试剂 | 试剂纯度等级 | 配制方法 |
| --- | --- | --- | --- |
| | | | 称量____g,定容至____mL |
| | | | 称量____g,定容至____mL |
| | | | 称量____g,定容至____mL |
| | | | 称量____g,定容至____mL |
| | | | 称量____g,定容至____mL |
| | | | 称量____g,定容至____mL |

举例，写出苯的计算过程。

## 三、编制检测方案（表 1-18）

表 1-18 检测方案

方案名称：____________________

一、任务目标及依据

（填写说明：概括说明本次任务要达到的目标及相关标准和技术资料）

二、工作内容安排

（填写说明：列出工作流程、工作要求、仪器设备和试剂、人员及时间安排等）

| 工作流程 | 工作要求 | 仪器设备及试剂 | 人员 | 时间安排 |
| --- | --- | --- | --- | --- |
| | | | | |
| | | | | |
| | | | | |
| | | | | |
| | | | | |
| | | | | |
| | | | | |
| | | | | |
| | | | | |

三、验收标准

（填写说明：本项目最终的验收相关项目的标准）

四、有关安全注意事项及防护措施等

（填写说明：对保养的安全注意事项及防护措施，废弃物处理等进行具体说明）

## 四、评价（表 1-19）

表 1-19　评价

<table>
<tr><th colspan="3">评分项目</th><th>配分</th><th>评分细则</th><th>自评得分</th><th>小组评价</th><th>教师评价</th></tr>
<tr><td rowspan="9">素养（20 分）</td><td rowspan="4">纪律情况（5 分）</td><td>不迟到，不早退</td><td>2 分</td><td>违反一次不得分</td><td></td><td></td><td></td></tr>
<tr><td>积极思考回答问题</td><td>2 分</td><td>根据上课统计情况得 1～2 分</td><td></td><td></td><td></td></tr>
<tr><td>三有一无（有本、笔、书，无手机）</td><td>1 分</td><td>违反规定每项扣 1 分</td><td></td><td></td><td></td></tr>
<tr><td>执行教师命令</td><td>0 分</td><td>此为否定项，违规酌情扣 10～100 分，违反校规按校规处理</td><td></td><td></td><td></td></tr>
<tr><td rowspan="2">职业道德（5 分）</td><td>与他人合作</td><td>2 分</td><td>不符合要求不得分</td><td></td><td></td><td></td></tr>
<tr><td>追求完美</td><td>3 分</td><td>对工作精益求精且效果明显得 3 分；对工作认真得 2 分；其余不得分</td><td></td><td></td><td></td></tr>
<tr><td rowspan="2">5S（5 分）</td><td>场地、设备整洁干净</td><td>3 分</td><td>合格得 3 分；不合格不得分</td><td></td><td></td><td></td></tr>
<tr><td>服装整洁，不佩戴饰物</td><td>2 分</td><td>合格得 2 分；违反一项扣 1 分</td><td></td><td></td><td></td></tr>
<tr><td rowspan="3">职业能力（5 分）</td><td>策划能力</td><td>3 分</td><td>按方案策划逻辑性得 1～3 分</td><td></td><td></td><td></td></tr>
<tr><td></td><td>资料使用</td><td>2 分</td><td>正确查阅作业指导书和标准得 2 分；错误不得分</td><td></td><td></td><td></td></tr>
<tr><td></td><td>创新能力（加分项）</td><td>5 分</td><td>项目分类、顺序有创新，视情况得 1～5 分</td><td></td><td></td><td></td></tr>
<tr><td rowspan="14">核心技术（60 分）</td><td>时间（5 分）</td><td>时间要求</td><td>5 分</td><td>90min 内完成得 5 分；超时 10min 扣 2 分</td><td></td><td></td><td></td></tr>
<tr><td rowspan="2">目标依据（5 分）</td><td>目标清晰</td><td>3 分</td><td>目标明确，可测量得 1～3 分</td><td></td><td></td><td></td></tr>
<tr><td>编写依据</td><td>2 分</td><td>依据资料完整得 2 分；缺一项扣 1 分</td><td></td><td></td><td></td></tr>
<tr><td rowspan="2">检测流程（15 分）</td><td>项目完整</td><td>7 分</td><td>完整得 7 分；错/漏一项扣 1 分</td><td></td><td></td><td></td></tr>
<tr><td>顺序</td><td>8 分</td><td>全部正确得 8 分；错/漏一项扣 1 分</td><td></td><td></td><td></td></tr>
<tr><td>工作要求（5 分）</td><td>要求清晰准确</td><td>5 分</td><td>完整正确得 5 分；错/漏一项扣 1 分</td><td></td><td></td><td></td></tr>
<tr><td rowspan="2">仪器设备试剂（10 分）</td><td>名称完整</td><td>5 分</td><td>完整、型号正确得 5 分；错/漏一项扣 1 分</td><td></td><td></td><td></td></tr>
<tr><td>规格正确</td><td>5 分</td><td>数量型号正确得 5 分；错/漏一项扣 1 分</td><td></td><td></td><td></td></tr>
<tr><td>人员（5 分）</td><td>组织分配合理</td><td>5 分</td><td>人员安排合理，分工明确得 5 分；组织不适一项扣 1 分</td><td></td><td></td><td></td></tr>
<tr><td>验收标准（5 分）</td><td>标准</td><td>5 分</td><td>标准查阅正确、完整得 5 分；错、漏一项扣 1 分</td><td></td><td></td><td></td></tr>
<tr><td rowspan="2">安全注意事项及防护等（10 分）</td><td>安全注意事项</td><td>5 分</td><td>归纳正确、完整得 5 分</td><td></td><td></td><td></td></tr>
<tr><td>防护措施</td><td>5 分</td><td>按措施针对性，有效性得 1～5 分</td><td></td><td></td><td></td></tr>
</table>

续表

| 评分项目 | | | 配分 | 评分细则 | 自评得分 | 小组评价 | 教师评价 |
|---|---|---|---|---|---|---|---|
| 工作页完成情况（20分） | 按时完成工作页（20分） | 按时提交 | 5分 | 按时提交得5分，迟交不得分 | | | |
| | | 完成程度 | 5分 | 按情况分别得1～5分 | | | |
| | | 回答准确率 | 5分 | 视情况分别得1～5分 | | | |
| | | 书面整洁 | 5分 | 视情况分别得1～5分 | | | |
| 总　分 | | | | | | | |
| 综合得分（自评20%，小组评价30%，教师评价50%） | | | | | | | |
| 教师评价签字： | | | | 组长签字： | | | |

请你根据以上打分情况，对本活动当中的工作和学习状态进行总体评述（从素养的自我提升方面、职业能力的提升方面进行评述，分析自己的不足之处，描述对不足之处的改进措施）。

教师指导意见

# 学习活动三　实施检测

**建议学时**：32 学时

**学习要求**：按照检测实施方案中的内容，完成饮用水中苯、甲苯、乙苯、二甲苯、苯乙烯的含量分析，过程中符合安全、规范、环保等 5S 要求，具体要求见表 1-20。

**表 1-20　具体工作步骤及要求**

| 序号 | 工作步骤 | 要　求 | 学时 | 备注 |
| --- | --- | --- | --- | --- |
| 1 | 配制溶液 | 规定时间内完成溶液配制，准确，原始数据记录规范，操作过程规范 | 2.0 学时 | |
| 2 | 确认仪器状态 | 能够在阅读仪器的操作规程指导下，正确的操作仪器，并对仪器状态进行准确判断 | 12 学时 | |
| 3 | 检测方法验证 | 能够根据方法验证的参数，对方法进行验证，并判断方法是否合适 | 6.0 学时 | |
| 4 | 实施分析检测 | 严格按照标准方法和作业指导书要求实施分析检测，最后得到样品数据 | 11.5 学时 | |
| 5 | 评价 | | 0.5 学时 | |

## 一、安全注意事项

1. 请回忆一下，我们之前在实训室工作时，有哪些安全事项是需要我们特别注意的？现在我们要进入一个新的实训场地，请阅读《实验室安全管理办法》总结该任务的安全注意事项。

____________________

____________________

____________________

2. 请你总结出该实验室和上一个实验室安全措施的不同之处有哪些？

____________________

____________________

____________________

____________________

____________________

## 二、配制溶液

（一）阅读学习材料

1. 标准储备液配制方法

（1）配制混合标准溶液

分别取苯、甲苯、乙苯、二甲苯、苯乙烯 10μL，于 10mL 的容量瓶中，用正己烷定容，摇匀。

（2）保存

① 使用玻璃瓶，保存在暗处及 4 ℃左右（通常可以保存 6 个月）。

② μL/L 浓度的混合标准不能长期保存，应经常配制。

③ nL/L 浓度的混合标准应在使用前临时配制。

2. 请完成混合标准储备液的配制，并做好数据记录（表 1-21）。

**表 1-21 数据记录**

| 名称 | 储备液浓度/(mg/mL) | 试剂纯度等级 | 配制方法 |
|---|---|---|---|
| | | | 吸取____μL，定容至____mL |
| | | | 吸取____μL，定容至____mL |
| | | | 吸取____μL，定容至____mL |
| | | | 吸取____μL，定容至____mL |
| | | | 吸取____μL，定容至____mL |
| | | | 吸取____μL，定容至____mL |

你们小组的配制方法是怎么操作的？是分开配制还是配制成混和标准溶液？说出你的小组这样操作的原因。

______

______

______

3. 你们小组设计的标准工作液浓度是什么？（表 1-22）

**表 1-22　标准工作液浓度**

| 名 称 | 混合标准 1<br>/(mg/L) | 混合标准 2<br>/(mg/L) | 混合标准 3<br>/(mg/L) | 混合标准 4<br>/(mg/L) | 混合标准 5<br>/(mg/L) |
|---|---|---|---|---|---|
| | | | | | |
| | | | | | |
| | | | | | |
| | | | | | |
| | | | | | |
| | | | | | |

记录配制过程：

(1) ______

(2) ______

(3) ______

(4) ______

(5) ______

（二）阅读资料

1. 气相色谱检测器介绍

2. 你们小组使用哪几种气源，分别是：______

请你查阅资料，记录高压气瓶的使用注意事项。

(1) ______

(2) ______

(3) ______

（4）______________________________

（5）______________________________

## 三、确认仪器状态

1. 气相色谱仪器的流路需要根据其结构来分析，气相色谱仪器由气路系统、进样系统、分离系统、检测系统、温控系统、数据处理系统组成，请在示意图（图 1-1）中，将这些名称在相对应的位置标注。

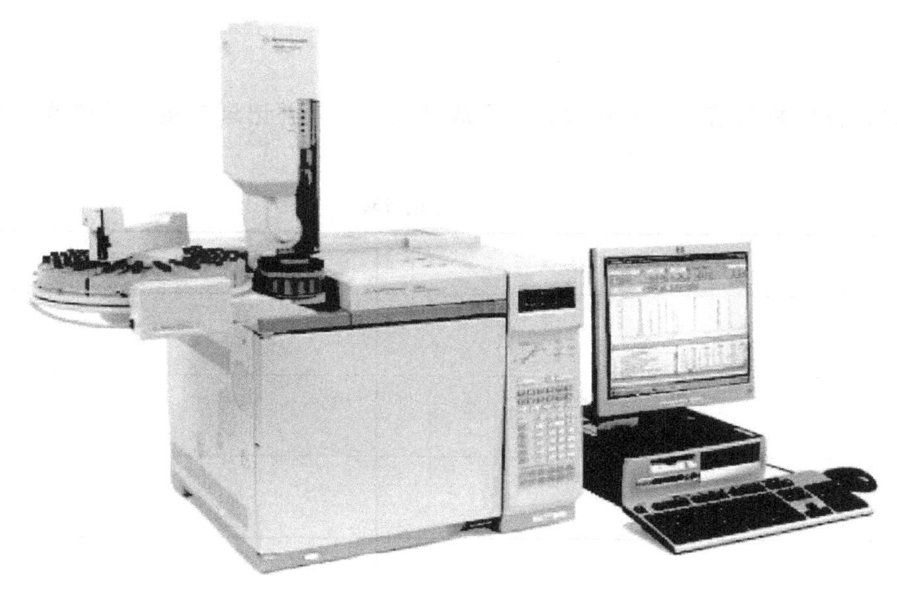

图 1-1　气相色谱仪器示意图

2. 仪器结构认知，请对照仪器实物及结构示意图（图 1-2），完成仪器结构组成部分的填写。

（1）__________用于提供稳定的气源。

（2）__________用于进样。

（3）__________用于样品的分离。

（4）__________用于对样品的检测。

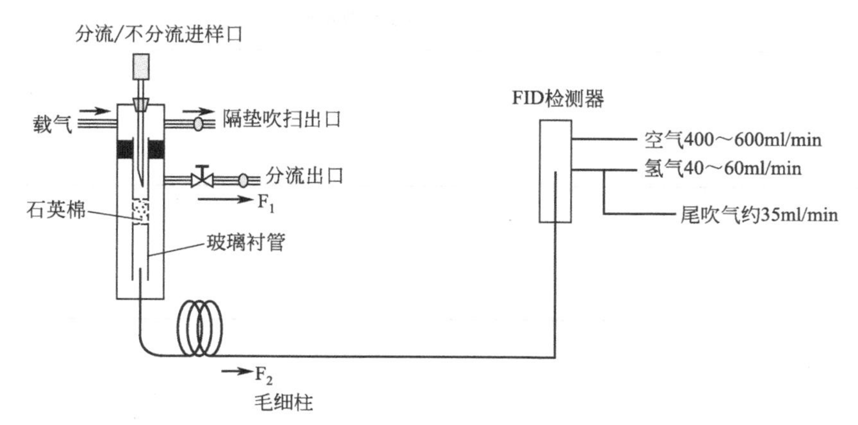


图 1-2　气相色谱基本流路图

3. 气相色谱仪运行期间需要观察记录的方面有哪些？

(1) 请阅读气相色谱仪器操作规程，完成开机操作，并记录气相色谱仪器的开机过程（表 1-23）。

**表 1-23 开机过程**

| 步骤序号 | 内　容 | 注 意 事 项 |
|---|---|---|
| 1 | | |
| 2 | | |
| 3 | | |
| 4 | | |
| 5 | | |

(2) 请阅读气相色谱仪器操作规程，完成程序文件、方法文件和批处理表的编辑，并记录各文件的主要参数（表 1-24）。

**表 1-24 各文件的主要参数**

| 文件 | 主要参数及含义 |
|---|---|
| 程序文件 | |
| 方法文件 | |
| 批处理表 | |

（3）按照操作规程，记录仪器状态，并判断仪器状态是否稳定（表 1-25）。

**表 1-25　仪器状态**

| 仪器编号 | | 组　别 | |
|---|---|---|---|
| 参　数 | 数　值 | 是否正常 | 非正常处理方法 |
| | | | |
| | | | |
| | | | |
| | | | |
| | | | |
| | | | |
| | | | |
| | | | |
| | | | |
| | | | |

（4）完成仪器准备确认单（表 1-26）。

**表 1-26　仪器准备确认单**

| 序　号 | 仪 器 名 称 | 状 态 确 认 | |
|---|---|---|---|
| | | 可行 | 否，解决办法 |
| 1 | | | |
| 2 | | | |
| 3 | | | |
| 4 | | | |
| 5 | | | |
| 6 | | | |
| 7 | | | |
| 8 | | | |
| 9 | | | |
| 10 | | | |

## 四、检测方法验证（表1-27～表1-29）

表 1-27　检测方法验证评估表

记录格式编号：AS/QRPD002—40

| 方法名称 | | | |
|---|---|---|---|
| 方法验证时间 | | 方法验证地点 | |
| 方法验证过程 | | | |
| 方法验证结果<br><br>验证负责人：　　　　日期： | | | |

| 方法验证人员 | 分　　工 | 签字 |
|---|---|---|
| | | |
| | | |
| | | |
| | | |
| | | |
| | | |
| | | |
| | | |
| | | |

**表 1-28 检测方法试验验证报告**

记录格式编号：AS/QRPD002—41

| 方法名称 | | | | | |
| --- | --- | --- | --- | --- | --- |
| 方法验证时间 | | | 方法验证地点 | | |
| 方法验证依据 | | | | | |
| 方法验证结果 | | | | | |
| | | | | | |
| | | | | | |
| | | | | | |
| | | | | | |
| | | | | | |
| | | | | | |
| | | | | | |
| | | | | | |
| | | | | | |
| | | | | | |
| | | | | | |
| | | | | | |
| | | | | | |
| | | | | | |
| | | | | | |
| | | | | | |
| | | | | | |

验证人： 校核人： 日期：

表 1-29　新检测项目试验验证确认报告

记录格式编号：AS/QRPD002—52

<table>
<tr><td>方法名称</td><td colspan="3"></td></tr>
<tr><td>检测参数</td><td colspan="3"></td></tr>
<tr><td>检测依据</td><td colspan="3"></td></tr>
<tr><td>方法验证时间</td><td></td><td>方法验证地点</td><td></td></tr>
<tr><td>验证人</td><td></td><td>验证人意见</td><td></td></tr>
<tr><td colspan="4">技术负责人意见<br><br>签字：　　　　日期：</td></tr>
<tr><td colspan="4">中心主任意见<br><br>签字：　　　　日期：</td></tr>
</table>

1. 请小组讨论，方法验证的重要性有哪些？至少列出 5 点。

（1）________________

（2）________________

（3）________________

（4）________________

（5）________________

2. 方法验证主要验证哪些参数呢？请记录工作过程（表 1-30）。

表 1-30 参数及工作过程

| 序号 | 参数 | 工作过程 |
| --- | --- | --- |
| 1 | | |
| 2 | | |
| 3 | | |
| 4 | | |
| 5 | | |
| 6 | | |

## 五、实施分析检测

1. 请记录检测过程中出现的问题及解决方法（表 1-31）。

表 1-31 问题及解决方法

| 序号 | 出现的问题 | 解决方法 | 原因分析 |
| --- | --- | --- | --- |
| 1 | | | |
| 2 | | | |
| 3 | | | |
| 4 | | | |
| 5 | | | |

2. 请做好实验记录，并且在仪器旁的仪器使用记录上进行签字（表 1-32、表 1-33）。

表 1-32 实验记录

| 小组名称 | | 组员 | |
| --- | --- | --- | --- |
| 仪器型号/编号 | | 所在实验室 | |
| 载气 | | 检测器类型 | |
| 色谱柱类型 | | 检测器温度 | |
| 柱温 | | 气化室温度 | |
| 载气流速 | | 进样量 | |
| 仪器使用是否正常 | | | |
| 组长签名/日期 | | | |

表 1-33　北京市工业技师学院分析测试中心

地表水中苯、甲苯、乙苯、二甲苯、苯乙烯含量分析原始记录

编号:GLAC-JL -R058-1　　　　序号:

样品类别:　　　　检测日期:

样品状态:　　　　与任务书是否一致:□一致　　　　□不一致

不一致的样品编号及相关说明:

检测项目:

检测依据:中华人民共和国地表水环境质量标准 GB 3838—2002 检测方法符合国标 GB 13194—91 技术规范要求

仪器名称:岛津 2014C 气相色谱　　　　仪器编号:00100557

检测地点:JC-106　　　　室内温度:　　℃　　　　室内湿度:　　%

标准物质标签:　　　　见:GLAC-JL-42-　　　　标准物质溶液稀释表(序号:　　　　)

| 标准工作液名称 | 编号 | 浓度/(mg/L) | 配制人 | 配制日期 | 失效日期 |
|---|---|---|---|---|---|
| | | | | | |
| | | | | | |

标准物质工作曲线:

| 苯工作曲线标准物质浓度/(mg/L) | | | | | |
|---|---|---|---|---|---|
| 峰面积 | | | | | |
| 回归方程 | | | | r | |

标准物质工作曲线:

| 甲苯工作曲线标准物质浓度/(mg/L) | | | | | |
|---|---|---|---|---|---|
| 峰面积 | | | | | |
| 回归方程 | | | | r | |

标准物质工作曲线:

| 乙苯工作曲线标准物质浓度/(mg/L) | | | | | |
|---|---|---|---|---|---|
| 峰面积 | | | | | |
| 回归方程 | | | | r | |

标准物质工作曲线:

| 二甲苯工作曲线标准物质浓度/(mg/L) | | | | | |
|---|---|---|---|---|---|
| 峰面积 | | | | | |
| 回归方程 | | | | r | |

标准物质工作曲线:

| 苯乙烯工作曲线标准物质浓度/(mg/L) | | | | | |
|---|---|---|---|---|---|
| 峰面积 | | | | | |
| 回归方程 | | | | r | |

标准物质工作曲线:

| 工作曲线标准物质浓度/(mg/L) | | | | | |
|---|---|---|---|---|---|
| 峰面积 | | | | | |
| 回归方程 | | | | r | |

计算公式：

$$C=M\times D$$

式中 $C$——样品中待测物质含量，mg/L；

$M$——由校准曲线上查得样品中待测物质的含量，mg/L；

$D$——样品稀释倍数。

检测结果：

检出限： 检测结果保留三位有效数字

| 样品编号 | 样品名称 | 校准曲线上查得待测物质的含量(M)/(mg/L) | 稀释倍数(D) | 测得含量(C)/(mg/L) | 平均值/(mg/L) | 检测结果/(mg/L) | 测得误差/% | 允许误差/% |
|---|---|---|---|---|---|---|---|---|
| | | | | | | | | |
| | | | | | | | | |
| | | | | | | | | |
| | | | | | | | | |
| | | | | | | | | |
| | | | | | | | | |
| | | | | | | | | |
| | | | | | | | | |

检测人： 校核人：

第 页 共 页

编号：GLAC-JL -R058-1 序号：

| 样品编号 | 样品名称 | M/(mg/L) | 稀释倍数(D) | C/(mg/L) | 平均值/(mg/L) | 检测结果/(mg/L) | 测得误差/% | 允许误差/% |
|---|---|---|---|---|---|---|---|---|
| | | | | | | | | |
| | | | | | | | | |
| | | | | | | | | |
| | | | | | | | | |
| | | | | | | | | |
| | | | | | | | | |
| | | | | | | | | |
| | | | | | | | | |
| | | | | | | | | |
| | | | | | | | | |
| | | | | | | | | |
| | | | | | | | | |
| | | | | | | | | |
| | | | | | | | | |
| | | | | | | | | |
| | | | | | | | | |
| | | | | | | | | |
| | | | | | | | | |

续表

| 样品编号 | 样品名称 | M/(mg/L) | 稀释倍数（D） | C/(mg/L) | 平均值/(mg/L) | 检测结果/(mg/L) | 测得误差/% | 允许误差/% |
|---|---|---|---|---|---|---|---|---|
| | | | | | | | | |
| | | | | | | | | |
| | | | | | | | | |
| | | | | | | | | |
| | | | | | | | | |
| | | | | | | | | |
| | | | | | | | | |
| | | | | | | | | |
| | | | | | | | | |
| | | | | | | | | |
| | | | | | | | | |
| | | | | | | | | |
| | | | | | | | | |
| | | | | | | | | |
| | | | | | | | | |
| | | | | | | | | |

检测人：　　　　　　　　　　　　校核人：

第　　页　　共　　页

## 六、教师考核表（表1-34）

表 1-34　教师考核表

| 地表水中苯、甲苯、乙苯、二甲苯、苯乙烯含量分析含量分析实施检测方案工作流程评价表 | | | | | | |
|---|---|---|---|---|---|---|
| 第一阶段：配制溶液（10分） | | | 正确 | 错误 | 分值 | 得分 |
| 1 | 准备气源 | 气瓶准备 | | | 4分 | |
| 2 | | 一体机准备 | | | | |
| 3 | | 干燥剂再生 | | | | |
| 4 | | 净化器再生 | | | | |
| 5 | | 气路试漏 | | | | |
| 6 | | 气瓶的固定 | | | | |
| 7 | 配制标准溶液 | 标准溶液药品准备 | | | 4分 | |
| 8 | | 标准溶液药品选择 | | | | |
| 9 | | 标准溶液药品干燥 | | | | |
| 10 | | 标准溶液药品称量 | | | | |
| 11 | | 标准溶液药品转移定容 | | | | |
| 12 | | 标准溶液保存 | | | | |
| 13 | 配制标准工作液 | 标准溶液计算 | | | 2分 | |
| 14 | | 标准溶液移取定容 | | | | |
| 15 | | 标准溶液保存 | | | | |

续表

| 第二阶段:确认仪器设备状态(20分) | | | 正确 | 错误 | 分值 | 得分 |
|---|---|---|---|---|---|---|
| 16 | 认知仪器 | 气瓶位置 | | | 5分 | |
| 17 | | 一体机位置 | | | | |
| 18 | | 压力表位置 | | | | |
| 19 | | 进样口位置 | | | | |
| 20 | | 色谱柱位置 | | | | |
| 21 | | 检测器位置 | | | | |
| 22 | | 点火器位置 | | | | |
| 23 | | 净化器位置 | | | | |
| 24 | | 气化室位置 | | | | |
| 25 | | 保险丝位置 | | | | |
| 26 | | 数据连接位置 | | | | |
| 27 | | 排气口位置 | | | | |
| 28 | | 分流出口位置 | | | | |
| 29 | | 自动进样器位置 | | | | |
| 30 | | 顶空进样器位置 | | | | |
| 31 | | 测量流量位置 | | | | |
| 32 | 仪器操作检查 | 打开 $N_2$ 钢瓶总阀 | | | 15分 | |
| 33 | | 调节钢瓶减压器上的分压表指针为0.2MPa左右 | | | | |
| 34 | | 调节色谱主机上的减压表指针为5psi左右 | | | | |
| 35 | | 确认气相色谱与计算机数据线连接 | | | | |
| 36 | | 打开气相色谱主机的电源 | | | | |
| 37 | | 点击岛津软件 | | | | |
| 38 | | 双击在桌面上的工作站主程序 | | | | |
| 39 | | 打开气相色谱操作控制面板 | | | | |
| 40 | | 使软件和气相色谱连接 | | | | |
| 41 | | 打开启动系统 | | | | |
| 42 | | 设置柱温和程序升温 | | | | |
| 43 | | 设置检测器温度 | | | | |
| 44 | | 设置气化室温度 | | | | |
| 45 | | 打开一体机调节气源压力 | | | | |
| 46 | | 温度升高后点火 | | | | |
| 47 | | 关闭 $N_2$ 钢瓶总阀并将减压表卸压 | | | | |
| 48 | | 关闭计算机、显示器的电源开关 | | | | |
| 49 | | 关闭一体机 | | | | |
| 第三阶段:检测方法验证(15分) | | | 正确 | 错误 | 分值 | 得分 |
| 50 | 填写检测方法验证评估表 | | | | 15分 | |
| 51 | 填写检测方法试验验证报告 | | | | | |
| 52 | 填写新检测项目试验验证确认报告 | | | | | |

续表

| | 第四阶段：实施分析检测（20分） | 正确 | 错误 | 分值 | 得分 |
|---|---|---|---|---|---|
| 53 | 检查表压力 | | | 20分 | |
| 54 | 检查载气流速 | | | | |
| 55 | 检查温度设置 | | | | |
| 56 | 查看基线15min，稳定后分析 | | | | |
| 57 | 建立程序文件 | | | | |
| 58 | 建立方法文件 | | | | |
| 59 | 建立样品表文件 | | | | |
| 60 | 加入样品到进样器 | | | | |
| 61 | 启动样品表 | | | | |
| 62 | 建立标准曲线，曲线浓度填写 | | | | |
| 63 | 标准曲线线性相关系数 | | | | |
| 64 | 标准曲线线性方程 | | | | |
| 65 | 样品检测结果记录 | | | | |
| 66 | 样品检测结果自平行 | | | | |
| | 第五阶段：原始记录评价（15分） | 正确 | 错误 | 分值 | 得分 |
| 67 | 填写标准溶液原始记录 | | | 15分 | |
| 68 | 填写仪器操作原始记录 | | | | |
| 69 | 填写方法验证原始记录 | | | | |
| 70 | 填写检测结果原始记录 | | | | |
| | 地表水中苯、甲苯、乙苯、二甲苯、苯乙烯的含量项目分值小计 | | | 80分 | |

| 综合评价项目 | | 详细说明 | 分值 | 得分 |
|---|---|---|---|---|
| 1 | 基本操作规范性 | 动作规范准确得3分 | 3分 | |
| | | 动作比较规范，有个别失误得2分 | | |
| | | 动作较生硬，有较多失误得1分 | | |
| 2 | 熟练程度 | 操作非常熟练得5分 | 5分 | |
| | | 操作较熟练得3分 | | |
| | | 操作生疏得1分 | | |
| 3 | 分析检测用时 | 按要求时间内完成得3分 | 3分 | |
| | | 未按要求时间内完成得2分 | | |
| 4 | 实验室5S | 试验台符合5S得2分 | 2分 | |
| | | 试验台不符合5S得1分 | | |
| 5 | 礼貌 | 对待考官礼貌得2分 | 2分 | |
| | | 欠缺礼貌得1分 | | |
| 6 | 工作过程安全性 | 非常注意安全得5分 | 5分 | |
| | | 有事故隐患得1分 | | |
| | | 发生事故得0分 | | |
| | | 综合评价项目分值小计 | 20分 | |
| | | 总成绩分值合计 | 100分 | |

## 七、评价（表1-35）

表1-35 评价

<table>
<tr><th colspan="3">评分项目</th><th>配分</th><th>评分细则</th><th>自评得分</th><th>小组评价</th><th>教师评价</th></tr>
<tr><td rowspan="11">素养（20分）</td><td rowspan="4">纪律情况（5分）</td><td>不迟到，不早退</td><td>2分</td><td>违反一次不得分</td><td></td><td></td><td></td></tr>
<tr><td>积极思考回答问题</td><td>2分</td><td>根据上课统计情况得1～2分</td><td></td><td></td><td></td></tr>
<tr><td>三有一无（有本、笔、书，无手机）</td><td>1分</td><td>违反规定每项扣1分</td><td></td><td></td><td></td></tr>
<tr><td>执行教师命令</td><td>0分</td><td>此为否定项，违规酌情扣10～100分，违反校规按校规处理</td><td></td><td></td><td></td></tr>
<tr><td rowspan="2">职业道德（5分）</td><td>与他人合作</td><td>2分</td><td>不符合要求不得分</td><td></td><td></td><td></td></tr>
<tr><td>追求完美</td><td>3分</td><td>对工作精益求精且效果明显得3分；对工作认真得2分；其余不得分</td><td></td><td></td><td></td></tr>
<tr><td rowspan="2">5S（5分）</td><td>场地、设备整洁干净</td><td>3分</td><td>合格得3分；不合格不得分</td><td></td><td></td><td></td></tr>
<tr><td>服装整洁，不佩戴饰物</td><td>2分</td><td>合格得2分；违反一项扣1分</td><td></td><td></td><td></td></tr>
<tr><td rowspan="3">职业能力（5分）</td><td>策划能力</td><td>3分</td><td>按方案策划逻辑性得1～3分</td><td></td><td></td><td></td></tr>
<tr><td>资料使用</td><td>2分</td><td>正确查阅作业指导书和标准得2分；错误不得分</td><td></td><td></td><td></td></tr>
<tr><td>创新能力（加分项）</td><td>5分</td><td>项目分类、顺序有创新，视情况得1～5分</td><td></td><td></td><td></td></tr>
<tr><td>核心技术（60分）</td><td colspan="7">教师考核分________×0.6=________</td></tr>
<tr><td rowspan="4">工作页完成情况（20分）</td><td rowspan="4">按时完成工作页（20分）</td><td>按时提交</td><td>5分</td><td>按时提交得5分，迟交不得分</td><td></td><td></td><td></td></tr>
<tr><td>完成程度</td><td>5分</td><td>按情况分别得1～5分</td><td></td><td></td><td></td></tr>
<tr><td>回答准确率</td><td>5分</td><td>视情况分别得1～5分</td><td></td><td></td><td></td></tr>
<tr><td>书面整洁</td><td>5分</td><td>视情况分别得1～5分</td><td></td><td></td><td></td></tr>
<tr><td colspan="5">总　　分</td><td></td><td></td><td></td></tr>
<tr><td colspan="5">综合得分（自评20%，小组评价30%，教师评价50%）</td><td colspan="3"></td></tr>
<tr><td colspan="4">教师评价签字：</td><td colspan="4">组长签字：</td></tr>
<tr><td colspan="8">请你根据以上打分情况，对本活动当中的工作和学习状态进行总体评述（从素养的自我提升方面、职业能力的提升方面进行评述，分析自己的不足之处，描述对不足之处的改进措施）。</td></tr>
<tr><td colspan="8">教师指导意见</td></tr>
</table>

# 学习活动四　验收交付

**建议学时**：4学时

**学习要求**：能够对检测原始数据进行数据处理并规范完整的填写报告书，并对超差数据原因进行分析，具体要求（见表1-36）。

**表 1-36　具体工作步骤及要求**

| 序号 | 工 作 步 骤 | 要　　求 | 学时 | 备注 |
| --- | --- | --- | --- | --- |
| 1 | 编制数据评判表 | 会计算检测结果，能通过计算判断数据是否达到技术要求 | 2.0学时 | |
| 2 | 编写成本核算表 | 能计算耗材和其他检测成本 | 1.0学时 | |
| 3 | 填写检测报告书 | 根据检测计算结果规范完整填写报告单 | 0.5学时 | |
| 4 | 评价 | | 0.5学时 | |

## 一、编制数据评判表（表 1-37～表 1-41）

1. 苯

表 1-37 苯评判结果

| 序号 | 测量数据 | 合规标准 | 评判结果 | 问题原因 |
|---|---|---|---|---|
| 自平行 | | — | — | — |
| 相关系数 | | | | |
| 互平行 | | | | |

2. 甲苯

表 1-38 甲苯评判结果

| 序号 | 测量数据 | 合规标准 | 评判结果 | 问题原因 |
|---|---|---|---|---|
| 自平行 | | — | — | — |
| 相关系数 | | | | |
| 互平行 | | | | |

3. 乙苯

表 1-39 乙苯评判结果

| 序号 | 测量数据 | 合规标准 | 评判结果 | 问题原因 |
|---|---|---|---|---|
| 自平行 | | — | — | — |
| 相关系数 | | | | |
| 互平行 | | | | |

4. 二甲苯

表 1-40 二甲苯评判结果

| 序号 | 测量数据 | 合规标准 | 评判结果 | 问题原因 |
|---|---|---|---|---|
| 自平行 | | — | — | — |
| 相关系数 | | | | |
| 互平行 | | | | |

5. 苯乙烯

表 1-41 苯乙烯评判结果

| 序号 | 测量数据 | 合规标准 | 评判结果 | 问题原因 |
|---|---|---|---|---|
| 自平行 | | — | — | — |
| 相关系数 | | | | |
| 互平行 | | | | |

小组名称＿＿＿＿＿＿＿＿＿＿　　　　分析者＿＿＿＿＿＿＿＿＿＿

## 二、编写成本核算表

1. 请小组讨论，回顾整个任务的工作过程，罗列出我们所使用的试剂耗材，并参考库房管理员提供的价格清单，对此次任务的单个样品使用耗材进行成本估算（表 1-42）。

表 1-42　成本估算

| 序号 | 试剂名称 | 规　格 | 单价/元 | 使用量 | 成本/元 |
|---|---|---|---|---|---|
| 1 | | | | | |
| 2 | | | | | |
| 3 | | | | | |
| 4 | | | | | |
| 5 | | | | | |
| 6 | | | | | |
| 7 | | | | | |
| 8 | | | | | |
| 9 | | | | | |
| 10 | | | | | |
| 11 | | | | | |
| 12 | | | | | |
| 13 | | | | | |
| 合　　计 | | | | | |

2. 工作中，除了试剂耗材成本以外，要完成一个任务，还有哪些成本呢？比如人工成本、固定资产折旧等，请小组讨论，罗列出至少 3 条（表 1-43）。

表 1-43　其他成本估算

| 序号 | 项　目 | 单价/元 | 使用量 | 成本/元 |
|---|---|---|---|---|
| 1 | | | | |
| 2 | | | | |
| 3 | | | | |
| 4 | | | | |
| 5 | | | | |

3. 如何有效地在保证质量的基础上控制成本呢？请小组讨论，罗列出至少 3 条。

（1）＿＿＿＿＿＿＿＿＿＿＿＿＿＿＿＿＿＿＿＿＿＿＿＿＿＿＿＿

（2）＿＿＿＿＿＿＿＿＿＿＿＿＿＿＿＿＿＿＿＿＿＿＿＿＿＿＿＿

（3）＿＿＿＿＿＿＿＿＿＿＿＿＿＿＿＿＿＿＿＿＿＿＿＿＿＿＿＿

## 三、填写检测报告书（表 1-44）

如果检测数据评判合格，按照报告单的填写程序和填写规定认真填写检测报告书；如果评判数据不合格，需要重新检测数据合格后填写检测报告。

表 1-44 北京市工业技师学院分析测试中心

# 检 测 报 告 书

检品名称____________________________________

被检单位____________________________________

报告日期 年 月 日

**检测报告书首页**　　北京市工业技师学院分析测试中心

字(20　年)第　　号

检品名称________________　检测类别 委托(送样)

被检单位________　检品编号________

生产厂家________　检测目的________　生产日期________

检品数量________　包装情况________　采样日期________

采样地点________　检品性状________　送检日期________

检测项目________________

检测及评价依据：

本栏目以下无内容

结论及评价：

本栏目以下无内容

检测环境条件：　温度：　相对湿度：　气压：

主要检测仪器设备：

名称　编号　型号

名称　编号　型号

报告编制：　校对：　签发：　盖章

年　月　日

报告书包括封面、首页、正文(附页)、封底，并盖有计量认证章、检测章和骑缝章。

**检测报告书**

| 项目名称 | 限值 | 测定值 | 判定 |
| --- | --- | --- | --- |

报告书包括封面、首页、正文(附页)、封底，并盖有计量认证章、检测章和骑缝章。

## 四、评价（表 1-45）

请你根据下表要求对本活动中的工作和学习情况进行打分。

表 1-45 评价

| 项次 | 项目要求 | | 配分 | 评分细则 | 自评得分 | 小组评价 | 教师评价 |
|---|---|---|---|---|---|---|---|
| 素养（20 分） | 纪律情况（5 分） | 按时到岗，不早退 | 2 分 | 违反规定，每次扣 1 分 | | | |
| | | 积极思考回答问题 | 2 分 | 根据上课统计情况得 1～2 分 | | | |
| | | 三有一无（有本、笔、书，无手机） | 1 分 | 违反规定不得分 | | | |
| | | 执行教师命令 | 0 分 | 此为否定项，违规酌情扣 10～100 分，违反校规按校规处理 | | | |
| | 职业道德（10 分） | 能与他人合作 | 3 分 | 不符合要求不得分 | | | |
| | | 数据填写 | 3 分 | 能客观真实得 3 分；篡改数据 0 分 | | | |
| | | 追求完美 | 4 分 | 对工作精精益求精且效果明显得 4 分；对工作认真得 3 分；其余不得分 | | | |
| | 成本意识（5 分） | | 5 分 | 有成本意识，使用试剂耗材节约，能计算成本量得 5 分；达标得 3 分；其余不得分 | | | |
| 核心技术（60 分） | 数据处理（15 分） | 能独立进行数据的计算和取舍 | 15 分 | 独立进行数据处理，得 15 分；在同学老师的帮助下完成，可得 7 分 | | | |
| | 评判结果（10 分） | 能正确评判工作曲线和测定结果是否合格 | 10 分 | 能正确评判合格与否，得 10 分；评判错误不得分 | | | |
| | 互平行（15 分） | 能够到达互平行标准 | 15 分 | 互平行≤5%得 15 分；5%～10%之间得 0～15 分 | | | |
| | 报告填写（20 分） | 填写完整规范 | 10 分 | 填写完整规范无涂改得 10 分，涂改一处扣 2 分 | | | |
| | | 无差错 | 10 分 | 填写无差错得 10 分，错一处扣 3 分 | | | |
| 工作页完成情况（20 分） | 按时完成工作页（20 分） | 及时提交 | 5 分 | 按时提交得 5 分，迟交不得分 | | | |
| | | 内容完成程度 | 5 分 | 按完成情况分别得 1～5 分 | | | |
| | | 回答准确率 | 5 分 | 视准确率情况分别得 1～5 分 | | | |
| | | 有独到的见解 | 5 分 | 视见解程度分别得 1～5 分 | | | |
| 总　　分 | | | | | | | |
| 加权平均（自评 20%，小组评价 30%，教师评价 50%） | | | | | | | |
| 教师评价签字： | | | | 组长签字： | | | |
| 请你根据以上打分情况，对本活动当中的工作和学习状态进行总体评述（从素养的自我提升方面、职业能力的提升方面进行评述，分析自己的不足之处，描述对不足之处的改进措施）。 | | | | | | | |
| 教师指导意见 | | | | | | | |

# 学习活动五　总结拓展

**建议学时**：6 学时

**学习要求**：通过本活动总结本项目的作业规范和核心技术并通过同类项目练习进行强化，见表 1-46。

**表 1-46　具体工作步骤及要求**

| 序号 | 工 作 步 骤 | 要　　求 | 学时 | 备注 |
|---|---|---|---|---|
| 1 | 撰写项目总结 | 能在 60min 内完成总结报告撰写，要求提炼问题有价值，能分析检测过程中遇到的问题 | 2.0 学时 | |
| 2 | 编制大气中苯系物检测方案 | 在 60min 内按照要求完成大气中苯系物检测方案的编写 | 3.5 学时 | |
| 3 | 评价 | | 0.5 学时 | |

## 一、撰写项目总结（表1-47）

要求：(1) 语言精练，无错别字。

(2) 编写内容主要包括：学习内容、体会、学习中的优缺点及改进措施。

(3) 要求字数500字左右，在60min内完成。

表1-47 项目总结

______________项目总结

一、任务说明

二、工作过程

| 序号 | 主要操作步骤 | 主要要点 |
|---|---|---|
| 1 | | |
| 2 | | |
| 3 | | |
| 4 | | |
| 5 | | |
| 6 | | |
| 7 | | |

三、遇到的问题及解决措施

四、个人体会

## 二、编制检测方案（表 1-48）

请查阅国标 GB 3838—2002 和附录的作业指导书（表 1-49），编写大气中苯系物的检测方案。

表 1-48　检测方案

方案名称：____________

一、任务目标及依据

（填写说明：概括说明本次任务要达到的目标及相关标准和技术资料）

二、工作内容安排

（填写说明：列出工作流程、工作要求、仪器设备和试剂、人员及时间安排等）

| 工作流程 | 工作要求 | 仪器设备及试剂 | 人员 | 时间安排 |
|---|---|---|---|---|
| | | | | |
| | | | | |
| | | | | |
| | | | | |
| | | | | |
| | | | | |
| | | | | |
| | | | | |
| | | | | |
| | | | | |

三、验收标准

（填写说明：本项目最终的验收相关项目的标准）

四、有关安全注意事项及防护措施等

（填写说明：对检测的安全注意事项及防护措施，废弃物处理等进行具体说明）

表 1-49 作业指导书

| 北京市工业技师学院分析检测中心作业指导书 | 文件编号:QB-DF-JCJL-005 |
|---|---|
| 主题:大气中苯系物的检测 | 第 1 页　　共 2 页 |

1. 适用范围

本法适用于工作场所空气中苯、甲苯、二甲苯、乙苯、苯乙烯浓度的测定。

本法的检出限、最低检出浓度(以采集 1.5L 空气样品计)、测定范围、相对标准偏差、穿透容量(100mg 活性炭)和解吸效率。

2. 原理

空气中的苯、甲苯、二甲苯、乙苯、苯乙烯用活性炭管采集,二硫化碳解吸后进样,经色谱柱分离,氢焰离子化检测器检测,以保留时间定性,峰高或峰面积定量。

3. 试剂

3.1 二硫化碳,色谱鉴定无干扰杂峰。

3.2 PEG 6000、FFAP、DNP 和有机皂土-34,均为色谱固定液。

3.3 6201 红色担体和 Shimalite 担体,60~80 目。

3.4 标准溶液

于 10mL 容量瓶中,加约 5mL 二硫化碳,用微量注射器准确加入 10μL 苯、甲苯、二甲苯、乙苯、苯乙烯(色谱纯:在 20℃,1μL 苯、甲苯、邻二甲苯、间二甲苯、对二甲苯、乙苯、苯乙烯分别为 0.8787mg、0.8669mg、0.8802mg、0.8642mg、0.8611mg、0.8670mg、0.9060mg),用二硫化碳稀释至刻度,为标准溶液。

4. 仪器

4.1 活性炭管,溶剂解吸型,内装 100mg/50mg 活性炭。

4.2 空气采样器,流量 0~500mL/min。

4.3 溶剂解吸瓶,5mL。

4.4 微量注射器,10μL。

4.5 气相色谱仪,氢焰离子化检测器。

4.6 仪器操作条件

柱温:80℃;汽化室和检测室温度:150℃;载气流量:40mL/min。

色谱柱(1):2m×4mm;PEG 6000(或 FFAP):6201 红色担体=5:100。

色谱柱(2):2m×4mm;邻苯二甲酸二壬酯(DNP):有机皂土-34:Shimalite 担体=5:5:100。

色谱柱(3):30m×0.53mm×0.2μm;毛细管色谱柱,内涂 FFAP 色谱固定液。

5. 样品采集、运输和保存

5.1 短时间采样:在采样点,打开活性炭管两端,以 100mL/min 流量采集 15min 空气样品。

5.2 长时间采样:在采样点,打开活性炭管两端,以 50mL/min 流量采集 2~8h 空气样品。

5.3 个体采样:在采样点,打开活性炭管两端,佩戴在检测对象的前胸上部,垂直放置,进气口向上,尽量接近呼吸带,以 50mL/min 流量采集 2~8h 空气。

采样后,立即封闭活性炭管两端,置于清洁容器内运输和保存。样品置于冰箱内至少可保存 14d。

6. 分析步骤

6.1 样品处理

将采过样的前后段活性炭分别放入溶剂解吸瓶中,各加入 1.0mL 二硫化碳,塞紧管塞,振摇 1min,解吸 30min。解吸液供测定。

6.2 标准曲线的绘制

用二硫化碳稀释标准溶液成下表所列的标准系列。

续表

| 表　标准系列 | | | | | |
|---|---|---|---|---|---|
| 管　　号 | 0 | 1 | 2 | 3 | 4 |
| 苯浓度/(μg/mL) | 0.0 | 13.7 | 54.9 | 219.7 | 878.7 |
| 甲苯浓度/(μg/mL) | 0.0 | 13.6 | 54.2 | 216.7 | 866.9 |
| 邻二甲苯浓度/(μg/mL) | 0.0 | 13.8 | 55.0 | 220.0 | 880.2 |
| 对二甲苯浓度/(μg/mL) | 0.0 | 13.5 | 54.0 | 216.0 | 864.2 |
| 间二甲苯浓度/(μg/mL) | 0.0 | 13.4 | 53.8 | 215.3 | 861.1 |
| 乙苯浓度/(μg/mL) | 0.0 | 13.5 | 54.2 | 216.8 | 867.0 |
| 苯乙烯浓度/(μg/mL) | 0.0 | 14.2 | 56.6 | 226.6 | 906.0 |

参照仪器操作条件，将气相色谱仪调节至最佳测定状态，分别进样 1.0μL，测定各标准系列。每个浓度重复测定 3 次。以测得的峰高或峰面积均值分别对苯、甲苯、二甲苯、乙苯、苯乙烯浓度(μg/mL)绘制标准曲线。

6.3　样品测定

用测定标准系列的操作条件测定样品和空白对照的解吸液；测得的样品峰高或峰面积值减去空白对照峰高或峰面积值后，由标准曲线得苯、甲苯、二甲苯、乙苯、苯乙烯的浓度(μg/mL)。

7. 计算

$$C=\frac{(C_1+C_2)\times V}{V_0\times D}$$

式中　$C$——空气中苯、甲苯、二甲苯、乙苯、苯乙烯的浓度，$mg/m^3$；

$C_1, C_2$——分别为测得的前后段解吸液中苯、甲苯、二甲苯、乙苯、苯乙烯的浓度，μg/mL；

$V$——解吸液的体积，mL；

$V_0$——换算成标准状况下的采样体积，L；

$D$——解吸效率，%。

| 编写 | | 审核 | | 批准 | |
|---|---|---|---|---|---|

## 三、评价（表1-50）

请你根据下表要求对本活动中的工作和学习情况进行打分。

表 1-50 评价

| 评分项目 | | | 配分 | 评分细则 | 自评得分 | 小组评价 | 教师评价 |
|---|---|---|---|---|---|---|---|
| 素养（20分） | 纪律情况（5分） | 不迟到，不早退 | 2分 | 违反一次不得分 | | | |
| | | 积极思考回答问题 | 2分 | 根据上课统计情况得1～2分 | | | |
| | | 有书、本、笔，无手机 | 1分 | 违反规定每项扣1分 | | | |
| | | 执行教师命令 | 0分 | 此为否定项，违规酌情扣10～100分，违反校规按校规处理 | | | |
| | 职业道德（5分） | 与他人合作 | 3分 | 不符合要求不得分 | | | |
| | | 认真钻研 | 2分 | 按认真程度得1～2分 | | | |
| | 5S（5分） | 场地、设备整洁干净 | 3分 | 合格得3分；不合格不得分 | | | |
| | | 服装整洁，不佩戴饰物 | 2分 | 合格得2分；违反一项扣1分 | | | |
| | 职业能力（5分） | 总结能力 | 3分 | 视总结清晰流畅，问题清晰措施到位情况得1～3分 | | | |
| | | 沟通能力 | 2分 | 总结汇报良好沟通得1～2分 | | | |
| 核心技术（60分） | 技术总结（20分） | 语言表达 | 3分 | 视流畅通顺情况得1～3分 | | | |
| | | 关键步骤提炼 | 5分 | 视准确具体情况得5分 | | | |
| | | 问题分析 | 5分 | 能正确分析出现问题得1～5分 | | | |
| | | 时间要求 | 2分 | 在60min内完成总结得2分；超过5min扣1分 | | | |
| | | 体会收获 | 5分 | 有学习体会收获得1～5分 | | | |
| | 大气中苯系物的检测方案（40分） | 资料使用 | 5分 | 正确查阅国家标准得5分；错误不得分 | | | |
| | | 目标依据 | 5分 | 正确完整得5分；基本完整扣2分 | | | |
| | | 工作流程 | 5分 | 工作流程正确得5分；错/漏一项扣1分 | | | |
| | | 工作要求 | 5分 | 要求明确清晰得5分；错/漏一项扣1分 | | | |
| | | 人员 | 5分 | 人员分工明确，任务清晰得5分；不明确一项扣1分 | | | |
| | | 验收标准 | 5分 | 标准查阅正确完整得5分；错/漏一项扣1分 | | | |
| | | 仪器试剂 | 5分 | 完整正确得5分；错/漏一项扣1分 | | | |
| | | 安全注意事项及防护 | 5分 | 完整正确，措施有效得5分；错/漏一项扣1分 | | | |
| 工作页完成情况（20分） | 按时完成工作页（20分） | 按时提交 | 5分 | 按时提交得5分；迟交不得分 | | | |
| | | 完成程度 | 5分 | 按情况分别得1～5分 | | | |
| | | 回答准确率 | 5分 | 视情况分别得1～5分 | | | |
| | | 书面整洁 | 5分 | 视情况分别得1～5分 | | | |
| 总分 | | | | | | | |
| 综合得分（自评20%，小组评价30%，教师评价50%） | | | | | | | |
| 教师评价签字： | | | | 组长签字： | | | |

续表

| 请你根据以上打分情况，对本活动当中的工作和学习状态进行总体评述（从素养的自我提升方面、职业能力的提升方面进行评述，分析自己的不足之处，描述对不足之处的改进措施）。 |
| --- |
| 教师指导意见 |

## 项目总体评价（表 1-51）

**表 1-51 项目总体评价**

| 项次 | 项 目 内 容 | 权 重 | 综合得分<br>（各活动加权平均分×权重） | 备 注 |
|---|---|---|---|---|
| 1 | 接收任务 | 10% | | |
| 2 | 制定方案 | 20% | | |
| 3 | 实施检测 | 45% | | |
| 4 | 验收交付 | 10% | | |
| 5 | 总结拓展 | 15% | | |
| 6 | 合 计 | | | |
| 7 | 本项目合格与否 | | 教师签字： | |
| 请你根据以上打分情况，对本项目当中的工作和学习状态进行总体评述（从素养的自我提升方面、职业能力的提升方面进行评述，分析自己的不足之处，描述对不足之处的改进措施）。 | | | | |
| 教师指导意见 | | | | |

# 学习任务二

# 地表水中挥发性卤代烃含量分析

# 任务书

## 一、任务情景描述

北京市自来水公司，委托我院分析测试中心对密云水库供水水质进行挥发性卤代烃含量项目加急仲裁性分析检测，以尽快判断水质情况，保证生活饮用水的安全。我院分析检测中心接到该任务，选择水中三氯甲烷、四氯化碳、二氯己烷三种卤代烃指标由高级工来完成。请你按照水质标准要求，制定检测方案，完成分析检测，并给自来水公司出具检测报告。

工作过程符合5S规范，检测指标符合中华人民共和国水环境质量标准GB 3838—2002，方法符合国标GB/T 17130—1997。

## 二、学习活动及课时分配表（表2-1）

表2-1 学习活动及课时分配表

| 活动序号 | 学习活动 | 学时安排 | 备注 |
| --- | --- | --- | --- |
| 1 | 接受任务 | 6学时 | |
| 2 | 制定方案 | 12学时 | |
| 3 | 实施检测 | 32学时 | |
| 4 | 验收交付 | 4学时 | |
| 5 | 总结拓展 | 6学时 | |

# 学习活动一　接受任务

本活动将进行6学时，通过该活动，我们要明确“分析测试业务委托书”中任务的工作要求，完成离子含量的测定任务。具体工作步骤及要求见表 2-2，分析测试业务委托书见表 2-3。

**表 2-2　具体工作步骤及要求**

| 序号 | 工作步骤 | 要求 | 学时 | 备注 |
| --- | --- | --- | --- | --- |
| 1 | 识读任务书 | 能快速、准确明确任务要求并清晰表达，在教师要求的时间内完成，能够读懂委托书各项内容，离子特征与特点 | 2.0学时 | |
| 2 | 确定检测方法和仪器设备 | 能够选择任务需要完成的方法，并进行时间和工作场所安排，掌握相关理论知识 | 2.0学时 | |
| 3 | 编制任务分析报告 | 能够清晰地描写任务认知与理解等，思路清晰，语言描述流畅 | 1.5学时 | |
| 4 | 评价 | | 0.5学时 | |

表 2-3 北京市工业技师学院分析测试研究中心

分析测试业务委托书

批号：　　　　　　　　　　　　记录格式编号：AS/QRPD002—10

| 顾客产品名称 | 地表水 | | 数量 | 10 |
|---|---|---|---|---|
| 顾客产品描述 | | | | |
| 顾客指定的用途 | | | | |
| 顾客委托分析测试事项情况记录 | | | | |
| 测试项目或参数 | 三氯甲烷、四氯化碳、二氯乙烷 | | | |
| 检测类别 | □咨询性检测　√仲裁性检测　□诉讼性检测 | | | |
| 期望完成时间 | √普通 年 月 日　□加急 年 月 日　□特急 年 月 日 | | | |
| 顾客对其产品及报告的处置意见 | | | | |
| 产品使用完后的处置方式 | □顾客随分析测试报告回收；<br>□按废物立即处理；<br>□按副样保存期限保存　√3个月　□ 6个月　□ 12个月　□ 24个月 | | | |
| 检测报告载体形式 | □纸质□软盘√电邮 | 检测报告送达方式 | □自取□普通邮寄<br>□传真√电邮 | |
| 顾客名称（甲方） | 北京京水集团 | 单位名称（乙方） | 北京市工业技师学院分析测试中心 | |
| 地　　址 | 北京市西城区宣武门西大街甲121号 | 地　　址 | 北京市朝阳区化工路51号 | |
| 邮政编码 | 100022 | 邮政编码 | 100023 | |
| 电　　话 | 010-67745522 | 电话 | 010-67383433 | |
| 传　　真 | 010-67745523 | 传真 | 010-67383433 | |
| E-mail | Zhaijj2011@163. com | E-mail | chunfangli@msn. com | |
| 甲方委托人（签名） | | 甲方受理人（签名） | | |
| 委托日期 | 年　月　日 | 受理日期 | 年　月　日 | |

注：1. 本委托书与院 ISO 9001　顾客财产登记表（AS/QRPD754—01 表）等效。

2. 本委托书一式三份，甲方执一份，乙方执两份。甲方“委托人”和乙方“受理人”签字后协议生效。

## 一、识读任务书

1. 请同学们用红色笔划出委托单当中的关键词，并把关键词抄在下面横线上。

______________________________

______________________________

______________________________

2. 请你从关键词中选择词语组成一句话，说明该任务的要求。（要求：其中包含时间、地点、人物以及事件的具体要求）

______________________________

______________________________

______________________________

3. 委托书中需要检测的项目有哪些？请用化学符号进行表示（表 2-4）。

**表 2-4 待测项目**

| 序号 | 待测项目 | 化学符号 |
|---|---|---|
| 1 | 三氯甲烷 | |
| 2 | 四氯化碳 | |
| 3 | 二氯乙烷 | |

4. 任务要求我们检测水中挥发性卤代烃指标，请你回忆一下，之前检测过水中哪些有机物指标，采用的是什么方法？这种方法有哪些优点（表 2-5）？

**表 2-5 水中卤代烃的测定方法及优点**

| 水中卤代烃 | 测定方法 | 优点 |
|---|---|---|
| | | |

5. 之前学习过的水中卤代烃项目中，你认为难度最大的环节是什么？最需要加强练习的环节又是什么？(不少于三条)

(1) ______________________________

______________________________

(2) ______________________________

______________________________

(3) ______________________________

______________________________

6. 通过查阅相关标准，水中卤代烃测定的主要步骤是什么？

(1) ______________________________

______________________________

(2) ______________________________

______________________________

(3) ______________________________

______________________________

(4) ______________________________

(5)

7. 请查阅《水质挥发性卤代烃的测定气相色谱法的测定》GB/T 17130—1997，并以表格形式罗列出适合该标准的各有机物浓度范围（表 2-6）。

**表 2-6 有机物浓度范围**

| 序号 | 项目 | 浓度适用范围/(mg/L) |
| --- | --- | --- |
| 1 | 三氯甲烷 | |
| 2 | 四氯化碳 | |
| 3 | 二氯乙烷 | |

如果不在此范围内，怎样进行测定？

## 二、确定检测方法和仪器设备

1. 任务书要求______天内完成该项任务，那么我们选择什么样的检测方法来完成呢？回忆一下之前所完成的工作，方法的选择一般有哪些注意事项？小组讨论完成，列出不少于3点，并解释。

(1)

(2)

(3)

2. 请查阅相关国标，并以表格形式罗列出检测项目都有哪些检测方法、特征（表 2-7）。

**表 2-7 检测方法及特征**

| 序号 | 项目 | 国　标 | 检测方法 | 特征(主要仪器设备) |
| --- | --- | --- | --- | --- |
| 1 | 三氯甲烷 | | | |
| | | | | |
| | | | | |
| | | | | |
| | | | | |
| 2 | 四氯化碳 | | | |
| | | | | |
| | | | | |
| | | | | |
| | | | | |
| 3 | 二氯乙烷 | | | |
| | | | | |
| | | | | |
| | | | | |
| | | | | |

3. 谈谈你对仲裁性检测的理解是什么?(不少于三条)

(1) ______

(2) ______

(3) ______

4. 检测方法如何达到加急的要求?(不少于三条)

(1) ______

(2) ______

(3) ______

## 三、编写任务分析报告(表 2-8)

表 2-8 任务分析报告

1. 基本信息

| 序号 | 项　　目 | 名　　称 | 备　　注 |
|---|---|---|---|
| 1 | 委托任务的单位 | | |
| 2 | 项目联系人 | | |
| 3 | 委托样品 | | |
| 4 | 检验参照标准 | | |
| 5 | 委托样品信息 | | |
| 6 | 检测项目 | | |
| 7 | 样品存放条件 | | |
| 8 | 样品处置 | | |
| 9 | 样品存放时间 | | |
| 10 | 出具报告时间 | | |
| 11 | 出具报告地点 | | |

2. 任务分析

(1) 地表水中三氯甲烷、四氯化碳、二氯乙烷分别采用了哪些检测方法?

续表

(2)针对水中上述三种卤代烃不同的检测方法你准备分别选择哪一种？选择的依据是什么？

| 序号 | 检测项目 | 选择方法 | 选择依据 |
|---|---|---|---|
| 1 | 三氯甲烷 | | |
| 2 | 四氯化碳 | | |
| 3 | 二氯乙烷 | | |

(3) 选择方法所使用的仪器设备列表。

| 序号 | 项目 | 检测方法 | 主要仪器设备 |
|---|---|---|---|
| 1 | 三氯甲烷 | | |
| 2 | 四氯化碳 | | |
| 3 | 二氯乙烷 | | |

## 四、评价（表 2-9）

表 2-9 评价

| 项次 | 项目要求 | | 配分 | 评分细则 | 自评得分 | 小组评价 | 教师评价 |
|---|---|---|---|---|---|---|---|
| 素养（20分） | 纪律情况（5分） | 按时到岗，不早退 | 2分 | 缺勤全扣，迟到、早退出现一次扣1分 | | | |
| | | 积极思考回答问题 | 2分 | 根据上课统计情况得1～2分 | | | |
| | | 学习用品准备 | 1分 | 自己主动准备好学习用品并齐全得1分 | | | |
| | | 执行教师命令 | 0分 | 此为否定项，违规酌情扣10～100分，违反校规按校规处理 | | | |
| | 职业道德（6分） | 主动与他人合作 | 2分 | 主动合作得2分；被动合作得1分 | | | |
| | | 主动帮助同学 | 2分 | 能主动帮助同学得2分；被动得1分 | | | |
| | | 严谨、追求完美 | 2分 | 对工作精益求精且效果明显得2分；对工作认真得1分；其余不得分 | | | |
| | 5S(4分) | 桌面、地面整洁 | 2分 | 自己的工位桌面、地面整洁无杂物，得2分；不合格不得分 | | | |
| | | 物品定置管理 | 2分 | 按定置要求放置得2分；其余不得分 | | | |
| | 阅读能力（5分） | 快速阅读能力 | 5分 | 能快速准确明确任务要求并清晰表达得5分；能主动沟通在指导后达标得3分；其余不得分 | | | |
| 核心技术（60分） | 识读任务书（20分） | 委托书各项内容 | 5分 | 能全部掌握得5分；部分掌握得2～3分；不清楚不得分 | | | |
| | | 测定方法的优点及难点 | 5分 | 总结全面到位得5分；部分掌握得3～4分；不清楚不得分 | | | |
| | | 测定标准查阅及总结 | 5分 | 全部阐述清晰得5分；部分阐述3～4分；不清楚不得分 | | | |
| | | 卤代烃危害及防治 | 5分 | 全部阐述清晰得5分；部分阐述3～4分；不清楚不得分 | | | |

续表

| 项次 | 项目要求 | | 配分 | 评分细则 | 自评得分 | 小组评价 | 教师评价 |
| --- | --- | --- | --- | --- | --- | --- | --- |
| 核心技术（60分） | 列出检测方法和仪器设备（15分） | 检测方法的罗列齐全 | 5分 | 方法齐全，无缺项得5分；每缺一项扣1分，扣完为止 | | | |
| | | 列出的相对应的仪器设备齐全 | 5分 | 齐全无缺项得5分；有缺项扣1分；不清楚不得分 | | | |
| | | 对仲裁性及加急检测的理解与要求 | 5分 | 全部阐述清晰得5分；部分阐述得3～4分；不清楚不得分 | | | |
| | 任务分析报告（25分） | 基本信息准确 | 5分 | 能全部掌握得5分；部分掌握得1～4分；不清楚不得分 | | | |
| | | 每种卤代烃最终选择的检测方法合理有效 | 5分 | 全部合理有效得5分；有缺项或者不合理扣1分 | | | |
| | | 检测方法选择的依据阐述清晰 | 5分 | 清晰能得5分；有缺陷或者无法解释的每项扣1分 | | | |
| | | 选择的检测方法与仪器设备匹配 | 5分 | 已选择的检测方法的仪器设备清单齐全，得5分；有缺项或不对应的扣1分 | | | |
| | | 文字描述及语言 | 5分 | 语言清晰流畅得5分；文字描述不清晰，但不影响理解与阅读得3分；字迹潦草无法阅读不得分 | | | |
| 工作页完成情况（20分） | 按时、保质保量完成工作页（20分） | 按时提交 | 4分 | 按时提交得4分，迟交不得分 | | | |
| | | 书写整齐度 | 3分 | 文字工整、字迹清楚得3分 | | | |
| | | 内容完成程度 | 4分 | 按完成情况分别得1～4分 | | | |
| | | 回答准确率 | 5分 | 视准确率情况分别得1～5分 | | | |
| | | 有独到的见解 | 4分 | 视见解程度分别得1～4分 | | | |
| 合　计 | | | 100分 | | | | |
| 总分[加权平均分(自评20%，小组评价30%，教师评价50%)] | | | | | | | |
| 组长签字： | | | | 教师评价签字： | | | |

请你根据以上打分情况，对本活动当中的工作和学习状态进行总体评述（从素养的自我提升方面、职业能力的提升方面进行评述，分析自己的不足之处，描述对不足之处的改进措施）。

教师指导意见

# 学习活动二　制定方案

**建议学时**：12 学时

**学习要求**：通过对地表水中卤代烃的测定方法的分析，编制工作流程表、仪器设备清单，完成检测方案的编制。具体要求见表 2-10。

**表 2-10　具体工作步骤及要求**

| 序号 | 工作步骤 | 要　求 | 学　时 | 备注 |
| --- | --- | --- | --- | --- |
| 1 | 编制工作流程 | 在 45min 内完成，流程完整，确保检测工作顺利有效完成 | 2.0 学时 | |
| 2 | 编制仪器设备清单 | 仪器设备、材料清单完整，满足离子色谱检测试验进程和客户需求 | 3.5 学时 | |
| 3 | 编制检测方案 | 在 90min 内完成编写，任务描述清晰，检验标准符合客户要求、国标方法要求，工作标准、工作要求、仪器设备等与流程内容一一对应 | 6.0 学时 | |
| 4 | 评价 | | 0.5 学时 | |

## 一、编制工作流程

1. 我们之前完成了地表水中苯系物的检测项目，回忆一下分析检测项目的主要工作流程一般可分为5部分完成，分别是配制溶液、确认仪器状态、验证检测方法、实施分析检测和出具检测报告。

请回忆一下，各部分的主要工作任务有哪些呢？各部分的工作要求分别是什么？大约需要花费多少时间呢（表2-11）？

表 2-11 任务名称：________

| 序号 | 工作流程 | 主要工作内容 | 评价标准 | 花费时间/h |
| --- | --- | --- | --- | --- |
| 1 | 配制溶液 | | | |
| 2 | 确认仪器状态 | | | |
| 3 | 验证检测方法 | | | |
| 4 | 实施分析检测 | | | |
| 5 | 出具检测报告 | | | |

2. 请你分析本项目选择的检测方法和作业指导书，写出工作流程，并写出完成的具体工作内容和要求（表2-12）。

表 2-12 工作流程内容及要求

| 序号 | 工作流程 | 主要工作内容 | 要求 |
| --- | --- | --- | --- |
| 1 | | | |
| 2 | | | |
| 3 | | | |
| 4 | | | |
| 5 | | | |
| 6 | | | |
| 7 | | | |
| 8 | | | |
| 9 | | | |
| 10 | | | |

## 二、编制仪器设备清单

1. 为了完成检测任务，需要用到哪些试剂呢？请列表完成（表2-13）。

表 2-13 试剂规格及配制方法

| 序号 | 试剂名称 | 规格 | 配制方法 |
|---|---|---|---|
| 1 | | | |
| 2 | | | |
| 3 | | | |
| 4 | | | |
| 5 | | | |
| 6 | | | |
| 7 | | | |
| 8 | | | |
| 9 | | | |
| 10 | | | |

2. 为了完成检测任务，需要用到哪些仪器设备呢？请列表完成（表 2-14）。

表 2-14 仪器规格及作用

| 序号 | 仪器名称 | 规格 | 作用 | 是否会操作 |
|---|---|---|---|---|
| 1 | | | | |
| 2 | | | | |
| 3 | | | | |
| 4 | | | | |
| 5 | | | | |
| 6 | | | | |
| 7 | | | | |
| 8 | | | | |
| 9 | | | | |
| 10 | | | | |

3. 如何配制 1000mg/L 储备卤代烃标准溶液的呢（见表 2-15）？

表 2-15 配制标准溶液

| 名称/(1000mg/L) | 采用的试剂 | 试剂纯度等级 | 配制方法 |
|---|---|---|---|
| | | | 称量____g,定容至____mL |
| | | | 称量____g,定容至____mL |
| | | | 称量____g,定容至____mL |
| | | | 称量____g,定容至____mL |
| | | | 称量____g,定容至____mL |
| | | | 称量____g,定容至____mL |

举例，写出一种卤代烃计算过程。

## 三、编制检测方案（表 2-16）

表 2-16 检测方案

方案名称：____________________

一、任务目标及依据

（填写说明：概括说明本次任务要达到的目标及相关标准和技术资料）

二、工作内容安排

（填写说明：列出工作流程、工作要求、仪器设备和试剂、人员及时间安排等）

| 工作流程 | 工作要求 | 仪器设备及试剂 | 人员 | 时间安排 |
|---|---|---|---|---|
| | | | | |
| | | | | |
| | | | | |
| | | | | |
| | | | | |
| | | | | |
| | | | | |
| | | | | |
| | | | | |

三、验收标准

（填写说明：本项目最终的验收相关项目的标准）

四、有关安全注意事项及防护措施等

（填写说明：对保养的安全注意事项及防护措施，废弃物处理等进行具体说明）

## 四、评价（表 2-17）

表 2-17　评价

| 评分项目 | | | 配分 | 评分细则 | 自评得分 | 小组评价 | 教师评价 |
|---|---|---|---|---|---|---|---|
| 素养（20 分） | 纪律情况（5 分） | 不迟到，不早退 | 2 分 | 违反一次不得分 | | | |
| | | 积极思考回答问题 | 2 分 | 根据上课统计情况得 1～2 分 | | | |
| | | 三有一无（有本、笔、书，无手机） | 1 分 | 违反规定每项扣 1 分 | | | |
| | | 执行教师命令 | 0 分 | 此为否定项，违规酌情扣 10～100 分，违反校规按校规处理 | | | |
| | 职业道德（5 分） | 与他人合作 | 2 分 | 不符合要求不得分 | | | |
| | | 追求完美 | 3 分 | 对工作精益求精且效果明显得 3 分；对工作认真得 2 分；其余不得分 | | | |
| | 5S（5 分） | 场地、设备整洁干净 | 3 分 | 合格得 3 分；不合格不得分 | | | |
| | | 服装整洁，不佩戴饰物 | 2 分 | 合格得 2 分；违反一项扣 1 分 | | | |
| | 职业能力（5 分） | 策划能力 | 3 分 | 按方案策划逻辑性得 1～3 分 | | | |
| | | 资料使用 | 2 分 | 正确查阅作业指导书和标准得 2 分；错误不得分 | | | |
| | | 创新能力（加分项） | 5 分 | 项目分类、顺序有创新，视情况得 1～5 分 | | | |
| 核心技术（60 分） | 时间（5 分） | 时间要求 | 5 分 | 90 分钟内完成得 5 分；超时 10 分钟扣 2 分 | | | |
| | 目标依据（5 分） | 目标清晰 | 3 分 | 目标明确，可测量得 1～3 分 | | | |
| | | 编写依据 | 2 分 | 依据资料完整得 2 分；缺一项扣 1 分 | | | |
| | 检测流程（15 分） | 项目完整 | 7 分 | 完整得 7 分；漏一项扣 1 分 | | | |
| | | 顺序 | 8 分 | 全部正确得 8 分；错一项扣 1 分 | | | |
| | 工作要求（5 分） | 要求清晰准确 | 5 分 | 完整正确得 5 分；错/漏一项扣 1 分 | | | |
| | 仪器设备试剂（10 分） | 名称完整 | 5 分 | 完整、型号正确得 5 分；错/漏一项扣 1 分 | | | |
| | | 规格正确 | 5 分 | 数量型号正确得 5 分；错/漏一项扣 1 分 | | | |
| | 人员（5 分） | 组织分配合理 | 5 分 | 人员安排合理，分工明确得 5 分；组织不适一项扣 1 分 | | | |
| | 验收标准（5 分） | 标准 | 5 分 | 标准查阅正确、完整得 5 分；错/漏一项扣 1 分 | | | |
| | 安全注意事项及防护等（10 分） | 安全注意事项 | 5 分 | 归纳正确、完整得 5 分 | | | |
| | | 防护措施 | 5 分 | 按措施针对性，有效性得 1～5 分 | | | |

续表

| 评分项目 | | | 配分 | 评分细则 | 自评得分 | 小组评价 | 教师评价 |
|---|---|---|---|---|---|---|---|
| 工作页完成情况（20分） | 按时完成工作页（20分） | 按时提交 | 5分 | 按时提交得5分，迟交不得分 | | | |
| | | 完成程度 | 5分 | 按情况分别得1～5分 | | | |
| | | 回答准确率 | 5分 | 视情况分别得1～5分 | | | |
| | | 书面整洁 | 5分 | 视情况分别得1～5分 | | | |
| 总分 | | | | | | | |
| 综合得分（自评20%，小组评价30%，教师评价50%） | | | | | | | |
| 教师评价签字： | | | | 组长签字： | | | |

请你根据以上打分情况，对本活动当中的工作和学习状态进行总体评述（从素养的自我提升方面、职业能力的提升方面进行评述，分析自己的不足之处，描述对不足之处的改进措施）。

教师指导意见

# 学习活动三　实施检测

**建议学时**：32 学时

**学习要求**：按照检测实施方案中的内容，完成测定含量分析，过程中符合安全、规范、环保等 5S 要求，具体要求见表 2-18。

表 2-18　具体工作步骤及要求

| 序号 | 工作步骤 | 要　　求 | 学时 | 备注 |
|---|---|---|---|---|
| 1 | 配制溶液 | 规定时间内完成溶液配制，准确，原始数据记录规范，操作过程规范 | 4.0 学时 | |
| 2 | 确认仪器状态 | 能够在阅读仪器的操作规程指导下，正确的操作仪器，并对仪器状态进行准确判断 | 6.0 学时 | |
| 3 | 验证检测方法 | 能够根据方法验证的参数，对方法进行验证，并判断方法是否合适 | 14 学时 | |
| 4 | 实施分析检测 | 严格按照标准方法和作业指导书要求实施分析检测，最后得到样品数据 | 7.5 学时 | |
| 5 | 评价 | | 0.5 学时 | |

## 一、安全注意事项

现在我们要学习一个新的检测方法——地表水中挥发性卤代烃色谱法，请根据仪器说明书总结电子捕获检测需要注意的安全注意事项。

______________________________________________

______________________________________________

______________________________________________

## 二、配制溶液

1. 请完成标准贮备液的配制，并做好原始记录（表 2-19）。

表 2-19 标准贮备液的配制

| 名称/(1000mg/L) | 采用的试剂 | 试剂纯度等级 | 配制方法 |
| --- | --- | --- | --- |
| | | | 称量____g,定容至____mL |
| | | | 称量____g,定容至____mL |
| | | | 称量____g,定容至____mL |
| | | | 称量____g,定容至____mL |
| | | | 称量____g,定容至____mL |
| | | | 称量____g,定容至____mL |

2. 你们小组设计的标准工作液浓度是什么（表 2-20）?

表 2-20 标准工作液浓度

| 名 称 | 混合标准 1 /(mg/L) | 混合标准 2 /(mg/L) | 混合标准 3 /(mg/L) | 混合标准 4 /(mg/L) | 混合标准 5 /(mg/L) |
| --- | --- | --- | --- | --- | --- |
| | | | | | |
| | | | | | |
| | | | | | |
| | | | | | |
| | | | | | |
| | | | | | |

记录配制过程：

(1) ______________________________________________

(2) ______________________________________________

(3) ______________________________________________

(4) ______________________________________________

(5) ______________________________________________

你的小组在配制过程中的异常现象及处理方法：

(1) ______________________________________________

(2) ______________________________________________

（3）________________

（4）________________

## 三、确认仪器状态

1. 在你的实验室有哪些品牌的气相色谱仪，说明不同厂家、不同系列的区别（表 2-21）。

表 2-21　气相色谱仪区别

| 仪器厂家 | 仪　器 | 优　点 | 缺　点 |
| --- | --- | --- | --- |
| | | | |
| | | | |
| | | | |

2. 完成任务过程中选择的色谱柱是__________，请你说出更换色谱柱的简要操作方法。

（1）________________

（2）________________

3. 我们选择的检测器是__________，该检测器的优点有哪些？

（1）________________

（2）________________

（3）________________

（4）________________

4. 请阅读气相色谱仪器的操作规程，完成开机操作，并记录仪器的开机过程（表 2-22）。

表 2-22　仪器的开机过程

| 步骤序号 | 内　容 | 观察到的现象及注意事项 |
| --- | --- | --- |
| 1 | | |
| 2 | | |
| 3 | | |
| 4 | | |
| 5 | | |

5. 请阅读气相色谱仪器操作规程，完成程序文件、方法文件和批处理表的编辑，并记录各文件的主要参数（表 2-23）。

表 2-23　仪器操作规程

| 文件 | 主要参数及含义 |
| --- | --- |
| 程序文件 | |
| 方法文件 | |
| 批处理表 | |

6. 按照操作规程，记录仪器状态，并判断仪器状态是否稳定（表 2-24）。

**表 2-24 仪器状态**

| 仪器编号 | | 组　别 | |
|---|---|---|---|
| 参　数 | 数　值 | 是否正常 | 非正常处理方法 |
| | | | |
| | | | |
| | | | |
| | | | |
| | | | |
| | | | |
| | | | |
| | | | |
| | | | |
| | | | |

7. 完成仪器准备确认单（表 2-25）。

**表 2-25 仪器准备确认单**

| 序　号 | 仪器名称 | 状态确认 | |
|---|---|---|---|
| | | 可行 | 否,解决办法 |
| 1 | | | |
| 2 | | | |
| 3 | | | |
| 4 | | | |
| 5 | | | |
| 6 | | | |
| 7 | | | |
| 8 | | | |
| 9 | | | |

## 四、验证检测方法（表 2-26～表 2-28）

**表 2-26　检测方法验证评估表**

记录格式编号：AS/QRPD002—40

| 方法名称 | | | |
|---|---|---|---|
| 方法验证时间 | | 方法验证地点 | |
| 方法验证过程 | | | |
| 方法验证结果<br><br>验证负责人：　　　　日期： | | | |

| 方法验证人员 | 分　　工 | 签字 |
|---|---|---|
| | | |
| | | |
| | | |
| | | |
| | | |
| | | |
| | | |
| | | |

**表 2-27　检测方法试验验证报告**

记录格式编号：AS/QRPD002—41

| 方法名称 | | | | | |
| --- | --- | --- | --- | --- | --- |
| 方法验证时间 | | 方法验证地点 | | | |
| 方法验证依据 | | | | | |
| 方法验证结果 | | | | | |
| | | | | | |
| | | | | | |
| | | | | | |
| | | | | | |
| | | | | | |
| | | | | | |
| | | | | | |
| | | | | | |
| | | | | | |
| | | | | | |
| | | | | | |
| | | | | | |
| | | | | | |
| | | | | | |
| | | | | | |
| | | | | | |
| | | | | | |

验证人：　　　　　　　　　　　　　　　　校核人：　　　　　　　　　　　　　　　　日期：

表 2-28　新检测项目试验验证确认报告

记录格式编号：AS/QRPD002—52

<table>
<tr><td>方法名称</td><td colspan="3"></td></tr>
<tr><td>检测参数</td><td colspan="3"></td></tr>
<tr><td>检测依据</td><td colspan="3"></td></tr>
<tr><td>方法验证时间</td><td></td><td>方法验证地点</td><td></td></tr>
<tr><td>验证人</td><td></td><td>验证人意见</td><td></td></tr>
<tr><td colspan="4">技术负责人意见<br><br>签字：　　　　日期：</td></tr>
<tr><td colspan="4">中心主任意见<br><br>签字：　　　　日期：</td></tr>
</table>

方法验证主要验证哪些参数呢？请记录工作过程（表 2-29）。

**表 2-29 参数及工作过程**

| 序号 | 参数 | 工作过程 |
| --- | --- | --- |
| 1 | | |
| 2 | | |
| 3 | | |
| 4 | | |
| 5 | | |
| 6 | | |

## 五、实施分析检测

1. 请记录检测过程中出现的问题及解决方法（表 2-30）。

**表 2-30 问题及解决方法**

| 序号 | 出现的问题 | 解决方法 | 原因分析 |
| --- | --- | --- | --- |
| 1 | | | |
| 2 | | | |
| 3 | | | |
| 4 | | | |
| 5 | | | |

2. 请做好实验记录，并且在仪器旁的仪器使用记录上进行签字（表 2-31、表 2-32）。

**表 2-31 实验记录**

<table>
<tr><td>小组名称</td><td></td><td>组员</td><td></td></tr>
<tr><td>仪器型号/编号</td><td></td><td>所在实验室</td><td></td></tr>
<tr><td>气源类型</td><td></td><td>柱箱温度</td><td></td></tr>
<tr><td>毛细管柱型号</td><td></td><td>检测器</td><td></td></tr>
<tr><td>气化室温度</td><td></td><td rowspan="2" colspan="2">检测器温度</td></tr>
<tr><td>气源压力</td><td></td></tr>
<tr><td colspan="2">仪器使用是否正常</td><td colspan="2"></td></tr>
<tr><td colspan="2">组长签名/日期</td><td colspan="2"></td></tr>
</table>

**表 1-32　北京市工业技师学院分析测试中心**

**卤代烃的测定原始记录**

编号:GLAC-JL -R058-1　　　　　　　　　　　　　　序号:

样品类别:　　　　　　　　　　　　检测日期:

样品状态:　　　　　　　　　　　　与任务书是否一致:□一致　　□不一致

不一致的样品编号及相关说明:________________________________。

检测项目:

检测依据:

仪器名称:　　　　　　　　　　　　仪器编号:

检测地点:　　　　　　　　　　　　室内温度:　　℃　　室内湿度:　　%

标准物质标签:　　　见:GLAC-JL-42-　　　标准物质溶液稀释表(序号:　　　)

| 标准工作液名称 | 编号 | 浓度/(mg/L) | 配制人 | 配制日期 | 失效日期 |
|---|---|---|---|---|---|
| | | | | | |
| | | | | | |
| | | | | | |
| | | | | | |
| | | | | | |
| | | | | | |

三氯甲烷标准物质工作曲线:

| 项　　目 | 三氯甲烷 | | 四氯化碳 | | 二氯乙烷 | |
|---|---|---|---|---|---|---|
| 工作曲线标准物质浓度/(mg/L) | | | | | | |
| 峰面积 | | | | | | |
| 绝对校正因子(*f*) | | *r* | | | | |

请根据第一个工作任务写出计算公式:

检测结果:

检出限:　　　　　　　　　　检测结果保留三位有效数字

编号:GLAC-JL -R058-1　　　　　　　　　　　　　　序号:

| 样品名称 | 样品体积 | 样品质量 | 校准曲线上待测物质的含量(*M*)/(mg/L) | 稀释倍数(*D*) | 测得含量(*C*)/(mg/L) | 平均值/(mg/L) | 检测结果/(mg/L) | 测得误差/% | 允许误差/% |
|---|---|---|---|---|---|---|---|---|---|
| | | | | | | | | | |
| | | | | | | | | | |
| | | | | | | | | | |
| | | | | | | | | | |
| | | | | | | | | | |
| | | | | | | | | | |
| | | | | | | | | | |
| | | | | | | | | | |
| | | | | | | | | | |
| | | | | | | | | | |
| | | | | | | | | | |
| | | | | | | | | | |

检测人:　　　　　　　　　　　　校核人:

第　　页　共　　页

3. 小测试

（1）请你通过小组讨论说明本实验使用气相色谱法测定水质样品的原理，进行展示。

（2）本实验使用的定性方法是什么？请把你的小组的标准色谱图附在下面，请你写出各物质的参数。

（3）加标回收率以及精密度试验

使用本方法测定地表水实际样品之后，根据高/中浓度，实施加标回收率以及精密度试验。根据表2-33的添加浓度于具体水样内，加入挥发性卤代氢混合标准溶液配置水样，其量各不相同，各浓度实施6次测定，根据此方法仪器条件实施分析。完成表2-33。

**表2-33 配置水样**

| 峰ID | 化合物名称 | 测定值/(μg/L) | 中浓度加标 | | | 高浓度加标 | | |
|---|---|---|---|---|---|---|---|---|
| | | | 加标量/(μg/L) | RSD/% | 回收率/% | 加标量/(μg/L) | RSD/% | 回收率/% |
| | | | | | | | | |
| | | | | | | | | |
| | | | | | | | | |
| | | | | | | | | |
| | | | | | | | | |
| | | | | | | | | |
| | | | | | | | | |

注：表中各数据为6次测定的平均值。

（4）对上述数据的分析，通常样品的平均加标回收率在70%～120%，认为有稳定的回收率，RSD小于5%，说明方法具有较好的精密度与准确度。请根据你的小组的数据结果，分析在这个实验中有哪些你需要改进的方法。

①________________

②________________

③________________

④________________

⑤________________

## 六、教师考核表（表2-34）

表 2-34 教师考核表

| 地表水中挥发性卤代烃含量分析实施检测方案工作流程评价表 | | | | | | |
|---|---|---|---|---|---|---|
| 第一阶段：配制溶液（10分） | | | 正确 | 错误 | 分值 | 得分 |
| 1 | 准备气源 | 气瓶准备 | | | 4分 | |
| 2 | | 一体机准备 | | | | |
| 3 | | 干燥剂再生 | | | | |
| 4 | | 净化器再生 | | | | |
| 5 | | 气路试漏 | | | | |
| 6 | | 气瓶的固定 | | | | |
| 7 | 配制标准溶液 | 标准溶液药品准备 | | | 4分 | |
| 8 | | 标准溶液药品选择 | | | | |
| 9 | | 标准溶液药品干燥 | | | | |
| 10 | | 标准溶液药品称量 | | | | |
| 11 | | 标准溶液药品转移定容 | | | | |
| 12 | | 标准溶液保存 | | | | |
| 13 | 配制标准工作液 | 标准溶液计算 | | | 2分 | |
| 14 | | 标准溶液移取定容 | | | | |
| 15 | | 标准溶液保存 | | | | |
| 第二阶段：确认仪器设备状态（20分） | | | 正确 | 错误 | 分值 | 得分 |
| 16 | 认知仪器 | 气瓶位置 | | | 5分 | |
| 17 | | 一体机位置 | | | | |
| 18 | | 压力表位置 | | | | |
| 19 | | 进样口位置 | | | | |
| 20 | | 色谱柱位置 | | | | |
| 21 | | 检测器位置 | | | | |
| 22 | | 点火器位置 | | | | |
| 23 | | 净化器位置 | | | | |
| 24 | | 气化室位置 | | | | |
| 25 | | 保险丝位置 | | | | |
| 26 | | 数据连接位置 | | | | |
| 27 | | 排气口位置 | | | | |
| 28 | | 分流出口位置 | | | | |
| 29 | | 自动进样器位置 | | | | |
| 30 | | 顶空进样器位置 | | | | |
| 31 | | 测量流量位置 | | | | |

续表

| 第二阶段：确认仪器设备状态(20分) | | | 正确 | 错误 | 分值 | 得分 |
|---|---|---|---|---|---|---|
| 32 | 仪器操作检查 | 打开 $N_2$ 钢瓶总阀 | | | 15分 | |
| 33 | | 调节钢瓶减压器上的分压表指针为0.2MPa左右 | | | | |
| 34 | | 调节色谱主机上的减压表指针为5psi左右 | | | | |
| 35 | | 确认气相色谱与计算机数据线连接 | | | | |
| 36 | | 打开气相色谱主机的电源 | | | | |
| 37 | | 点击岛津软件 | | | | |
| 38 | | 双击在桌面上的工作站主程序 | | | | |
| 39 | | 打开气相色谱操作控制面板 | | | | |
| 40 | | 使软件和气相色谱连接 | | | | |
| 41 | | 打开启动系统 | | | | |
| 42 | | 设置柱温和程序升温 | | | | |
| 43 | | 设置检测器温度 | | | | |
| 44 | | 设置气化室温度 | | | | |
| 45 | | 打开一体机调节气源压力 | | | | |
| 46 | | 温度升高后点火 | | | | |
| 47 | | 关闭 $N_2$ 钢瓶总阀并将减压表卸压 | | | | |
| 48 | | 关闭计算机、显示器的电源开关 | | | | |
| 49 | | 关闭一体机 | | | | |
| 第三阶段：检测方法验证(15分) | | | 正确 | 错误 | 分值 | 得分 |
| 50 | 填写检测方法验证评估表 | | | | 15分 | |
| 51 | 填写检测方法试验验证报告 | | | | | |
| 52 | 填写新检测项目试验验证确认报告 | | | | | |
| 第四阶段：实施分析检测(20分) | | | 正确 | 错误 | 分值 | 得分 |
| 53 | 检查表压力 | | | | 20分 | |
| 54 | 检查载气流速 | | | | | |
| 55 | 检查温度设置 | | | | | |
| 56 | 查看基线15min,稳定后分析 | | | | | |
| 57 | 建立程序文件 | | | | | |
| 58 | 建立方法文件 | | | | | |
| 59 | 建立样品表文件 | | | | | |
| 60 | 加入样品到进样器 | | | | | |
| 61 | 启动样品表 | | | | | |
| 62 | 建立标准曲线，曲线浓度填写 | | | | | |
| 63 | 标准曲线线性相关系数 | | | | | |
| 64 | 标准曲线线性方程 | | | | | |
| 65 | 样品检测结果记录 | | | | | |
| 66 | 样品检测结果自平行 | | | | | |

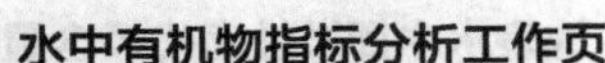


续表

| 第五阶段：原始记录评价(15分) | | 正确 | 错误 | 分值 | 得分 |
|---|---|---|---|---|---|
| 67 | 填写标准溶液原始记录 | | | 15分 | |
| 68 | 填写仪器操作原始记录 | | | | |
| 69 | 填写方法验证原始记录 | | | | |
| 70 | 填写检测结果原始记录 | | | | |
| 地表水中挥发性卤代烃的含量项目分值小计 | | | | 80分 | |
| 综合评价项目 | | 详细说明 | | 分值 | 得分 |
| 1 | 基本操作规范性 | 动作规范准确得3分 | | 3分 | |
| | | 动作比较规范，有个别失误得2分 | | | |
| | | 动作较生硬，有较多失误得1分 | | | |
| 2 | 熟练程度 | 操作非常熟练得5分 | | 5分 | |
| | | 操作较熟练得3分 | | | |
| | | 操作生疏得1分 | | | |
| 3 | 分析检测用时 | 按要求时间内完成得3分 | | 3分 | |
| | | 未按要求时间内完成得2分 | | | |
| 4 | 实验室5S | 试验台符合5S得2分 | | 2分 | |
| | | 试验台不符合5S得1分 | | | |
| 5 | 礼貌 | 对待考官礼貌得2分 | | 2分 | |
| | | 欠缺礼貌得1分 | | | |
| 6 | 工作过程安全性 | 非常注意安全得5分 | | 5分 | |
| | | 有事故隐患得1分 | | | |
| | | 发生事故得0分 | | | |
| 综合评价项目分值小计 | | | | 20分 | |
| 总成绩分值合计 | | | | 100分 | |

## 七、评价（表2-35）

**表2-35 评价**

| 评分项目 | | | 配分 | 评分细则 | 自评得分 | 小组评价 | 教师评价 |
|---|---|---|---|---|---|---|---|
| 素养(20分) | 纪律情况(5分) | 不迟到，不早退 | 2分 | 违反一次不得分 | | | |
| | | 积极思考回答问题 | 2分 | 根据上课统计情况得1～2分 | | | |
| | | 三有一无(有本、笔、书，无手机) | 1分 | 违反规定不得分 | | | |
| | | 执行教师命令 | 0分 | 此为否定项，违规酌情扣10～100分，违反校规按校规处理 | | | |
| | 职业道德(5分) | 与他人合作 | 2分 | 不符合要求不得分 | | | |
| | | 追求完美 | 3分 | 对工作精益求精且效果明显得3分；对工作认真得2分；其余不得分 | | | |

续表

<table>
<tr><th colspan="3">评分项目</th><th>配分</th><th>评分细则</th><th>自评得分</th><th>小组评价</th><th>教师评价</th></tr>
<tr><td rowspan="5">素养<br>（20分）</td><td rowspan="2">5S<br>（5分）</td><td>场地、设备整洁干净</td><td>3分</td><td>合格得3分；不合格不得分</td><td></td><td></td><td></td></tr>
<tr><td>服装整洁，不佩戴饰物</td><td>2分</td><td>合格得2分；违反一项扣1分</td><td></td><td></td><td></td></tr>
<tr><td rowspan="3">职业能力<br>（5分）</td><td>策划能力</td><td>3分</td><td>按方案策划逻辑性得1～3分</td><td></td><td></td><td></td></tr>
<tr><td>资料使用</td><td>2分</td><td>正确查阅作业指导书和标准得2分</td><td></td><td></td><td></td></tr>
<tr><td>创新能力（加分项）</td><td>5分</td><td>项目分类、顺序有创新，视情况得1～5分</td><td></td><td></td><td></td></tr>
<tr><td>核心技术<br>（60分）</td><td colspan="7">教师考核分________×0.6=________</td></tr>
<tr><td rowspan="4">工作页完成情况<br>（20分）</td><td rowspan="4">按时完成工作页<br>（20分）</td><td>按时提交</td><td>5分</td><td>按时提交得5分，迟交不得分</td><td></td><td></td><td></td></tr>
<tr><td>完成程度</td><td>5分</td><td>按情况分别得1～5分</td><td></td><td></td><td></td></tr>
<tr><td>回答准确率</td><td>5分</td><td>视情况分别得1～5分</td><td></td><td></td><td></td></tr>
<tr><td>书面整洁</td><td>5分</td><td>视情况分别得1～5分</td><td></td><td></td><td></td></tr>
<tr><td colspan="5">总　　分</td><td></td><td></td><td></td></tr>
<tr><td colspan="5">综合得分（自评20%，小组评价30%，教师评价50%）</td><td colspan="3"></td></tr>
<tr><td colspan="4">教师评价签字：</td><td colspan="4">组长签字：</td></tr>
<tr><td colspan="8">请你根据以上打分情况，对本活动当中的工作和学习状态进行总体评述（从素养的自我提升方面、职业能力的提升方面进行评述，分析自己的不足之处，描述对不足之处的改进措施）。</td></tr>
<tr><td colspan="8">教师指导意见</td></tr>
</table>

# 学习活动四　验收交付

**建议学时**：4 学时

**学习要求**：能够对检测原始数据进行数据处理并规范完整的填写报告书，并对超差数据原因进行分析，具体要求如表 2-36 所示。

表 2-36　具体要求

| 序号 | 工 作 步 骤 | 要　求 | 学时 | 备注 |
|---|---|---|---|---|
| 1 | 编制数据评判表 | 计算精密度、准确度、相关系数、互平行数据并填写评判表 | 2.0 学时 | |
| 2 | 编写成本核算表 | 能计算耗材和其他检测成本 | 1.0 学时 | |
| 3 | 填写检测报告 | 依据规范出具检测报告校对、签发 | 0.75 学时 | |
| 4 | 评价 | 按评价表对学生各项表现进行评价 | 0.25 学时 | |

## 一、编制数据评判表

1. 对原始记录数据进行计算，并将计算结果填写在原始记录报告单上。
2. 请写出卤代烃含量计算公式、精密度计算公式和质量控制计算公式？并以一个例子为例，进行计算。

3. 数据评判表（表 2-37）。

**表 2-37 数据评判表**

(1)相关规定：①精密度≤10%，满足精密度要求
精密度>10%，不满足精密度要求
②相关系数≥0.995，满足要求
相关系数<0.995，不满足要求
③互平行≤15%，满足精密度要求
互平行>15%，不满足精密度要求
④质控范围 90%～120%

(2)实际水平及判断　　符合准确性要求：是□　否□

① 精密度判断

| 内　容 | 三氯甲烷 | 四氯化碳 | 二氯乙烯 | | |
|---|---|---|---|---|---|
| 精密度测定值 | | | | | |
| 判定结果是或否 | | | | | |

② 工作曲线相关系数判断

| 内　容 | 三氯甲烷 | 四氯化碳 | 二氯乙烯 | | |
|---|---|---|---|---|---|
| 相关系数 | | | | | |
| 判定结果是或否 | | | | | |

③ 互平行判断

| 内　容 | 三氯甲烷 | 四氯化碳 | 二氯乙烯 | | |
|---|---|---|---|---|---|
| 互平行测定值 | | | | | |
| 判定结果填是或否 | | | | | |

④ 质控结果　测定结果可靠性对比判断表

| 内　容 | 三氯甲烷 | 四氯化碳 | 二氯乙烯 | | |
|---|---|---|---|---|---|
| 质控样测定值 | | | | | |
| 质控样真实值 | | | | | |
| 回收率/% | | | | | |
| 判定结果 | | | | | |

(3) 若不能满足规定要求时，请小组讨论，说明是什么原因造成的？

## 二、编写成本核算表

1. 请小组讨论，回顾整个任务的工作过程，罗列出我们所使用的试剂耗材，并参考库房管理员提供的价格清单，对此次任务的单个样品使用耗材进行成本估算（表2-38）。

**表 2-38　单个样品使用耗材成本估算**

| 序　号 | 试剂名称 | 规　　格 | 单价/元 | 使用量 | 成本/元 |
|---|---|---|---|---|---|
| 1 | | | | | |
| 2 | | | | | |
| 3 | | | | | |
| 4 | | | | | |
| 5 | | | | | |
| 6 | | | | | |
| 7 | | | | | |
| 8 | | | | | |
| 9 | | | | | |
| 10 | | | | | |
| 11 | | | | | |
| 12 | | | | | |
| 13 | | | | | |
| 合　　计 | | | | | |

2. 工作中，除了试剂耗材成本以外，要完成一个任务，还有哪些成本呢？比如人工成本、固定资产折旧等，请小组讨论，罗列出至少3条（表2-39）。

**表 2-39　其他成本估算**

| 序　号 | 项　　目 | 单价/元 | 使用量 | 成本/元 |
|---|---|---|---|---|
| 1 | | | | |
| 2 | | | | |
| 3 | | | | |
| 4 | | | | |
| 5 | | | | |

3. 如何有效地在保证质量的基础上控制成本呢？请小组讨论，罗列出至少3条。

（1）________________________________

________________________________

（2）________________________________

________________________________

（3）________________________________

________________________________

（4）________________________________

________________________________

## 三、填写检测报告书

如果检测数据评判合格，按照报告单的填写程序和填写规定认真填写检测报告书（表2-40）；如果评判数据不合格，需要重新检测数据合格后填写检测报告。

**表 2-40 北京市工业技师学院分析测试中心**

# 检 测 报 告 书

检品名称____________________________________

被检单位____________________________________

报告日期　　年　　月　　日

**检测报告书首页** 北京市工业技师学院分析测试中心

字(20 年)第 号

检品名称＿＿＿＿ 检测类别 委托(送样)

被检单位＿＿＿＿ 检品编号＿＿＿＿

生产厂家＿＿＿＿ 检测目的＿＿＿＿ 生产日期＿＿＿＿

检品数量＿＿＿＿ 包装情况＿＿＿＿ 采样日期＿＿＿＿

采样地点＿＿＿＿ 检品性状＿＿＿＿ 送检日期＿＿＿＿

检测项目＿＿＿＿

检测及评价依据：

本栏目以下无内容

结论及评价：

本栏目以下无内容

检测环境条件： 温度： 相对湿度： 气压：

主要检测仪器设备：

名称 编号 型号

名称 编号 型号

报告编制： 校对： 签发： 盖章

年 月 日

报告书包括封面、首页、正文(附页)、封底，并盖有计量认证章、检测章和骑缝章。

**检测报告书**

| 项目名称 | 限值 | 测定值 | 判定 |
| --- | --- | --- | --- |

报告书包括封面、首页、正文(附页)、封底，并盖有计量认证章、检测章和骑缝章。

## 四、评价

请你根据表2-41要求对本活动中的工作和学习情况进行打分。

**表 2-41 评价**

| 项次 | 项目要求 | | 配分 | 评分细则 | 自评得分 | 小组评价 | 教师评价 |
|---|---|---|---|---|---|---|---|
| 素养（20分） | 纪律情况（5分） | 按时到岗，不早退 | 2分 | 违反规定，每次扣5分 | | | |
| | | 积极思考，回答问题 | 2分 | 根据上课统计情况得1～2分 | | | |
| | | 三有一无（有本、笔、书，无手机） | 1分 | 违反规定不得分 | | | |
| | | 执行教师命令 | 0分 | 此为否定项，违规酌情扣10～100分，违反校规按校规处理 | | | |
| | 职业道德（10分） | 能与他人合作 | 3分 | 不符合要求不得分 | | | |
| | | 数据填写 | 3分 | 能客观真实得3分；篡改数据0分 | | | |
| | | 追求完美 | 4分 | 对工作精精益求精且效果明显得4分；对工作认真得3分；其余不得分 | | | |
| | 成本意识（5分） | | 5分 | 有成本意识，使用试剂耗材节约，能计算成本量得5分；达标得3分；其余不得分 | | | |
| 核心技术（60分） | 数据处理（5分） | 能独立进行数据的计算和取舍 | 5分 | 独立进行数据处理，得5分；在同学老师的帮助下完成，可得2分 | | | |
| | 数据评判（40分） | 能正确评判工作曲线和相关系数 | 10分 | 能正确评判合格与否得10分；评判错误不得分 | | | |
| | | 能够评判精密度是否合格 | 10分 | 自平行≤5%得10分；5%～10%之间得0～10分；自平行>10%不得分 | | | |
| | | 能够达到互平行标准 | 10分 | 互平行≤10%得10分；10%～15%之间得0～10分；自平行>15%不得分 | | | |
| | | 能够达到质控标准 | 10分 | 能够达到质控值得10分 | | | |
| | 报告填写（15分） | 填写完整规范 | 5分 | 完整规范得5分；涂改填错一处扣2分 | | | |
| | | 能够正确得出样品结论 | 5分 | 结论正确得5分 | | | |
| | | 校对签发 | 5分 | 校对签发无误得5分 | | | |
| 工作页完成情况（20分） | 按时完成工作页（20分） | 及时提交 | 5分 | 按时提交得5分，迟交不得分 | | | |
| | | 内容完成程度 | 5分 | 按完成情况分别得1～5分 | | | |
| | | 回答准确率 | 5分 | 视准确率情况分别得1～5分 | | | |
| | | 有独到的见解 | 5分 | 视见解程度分别得1～5分 | | | |
| 总分 | | | | | | | |
| 加权平均（自评20%，小组评价30%，教师评价50%） | | | | | | | |
| 教师评价签字： | | | | 组长签字： | | | |
| 请你根据以上打分情况，对本活动当中的工作和学习状态进行总体评述（从素养的自我提升方面、职业能力的提升方面进行评述，分析自己的不足之处，描述对不足之处的改进措施）。 | | | | | | | |
| 教师指导意见 | | | | | | | |

# 学习活动五　总结拓展

**建议学时**：6学时

**学习要求**：通过本活动总结本项目的作业规范和核心技术并通过同类项目练习进行强化(表2-42)。

表2-42　具体工作步骤及要求

| 序号 | 工作步骤 | 要　求 | 学时 | 备注 |
|---|---|---|---|---|
| 1 | 撰写项目总结 | 能在60min内完成总结报告撰写，要求提炼问题有价值，能分析检测过程中遇到的问题 | 2.0学时 | |
| 2 | 编制检测方案 | 在60min内按照要求完成地表水中多氯联苯的测定方案的编写 | 3.5学时 | |
| 3 | 评价 | | 0.5学时 | |

## 一、撰写项目总结（表 2-43）

要求：

（1）语言精练，无错别字；

（2）编写内容主要包括：学习内容、体会、学习中的优缺点及改进措施；

（3）要求字数 500 字左右，在 60min 内完成。

**表 2-43　项目总结**

__________________项目总结

一、任务说明

二、工作过程

| 序　号 | 主要操作步骤 | 主要要点 |
| --- | --- | --- |
| 1 | | |
| 2 | | |
| 3 | | |
| 4 | | |
| 5 | | |
| 6 | | |
| 7 | | |

三、遇到的问题及解决措施

四、个人体会

## 二、编制检测方案（表 2-44）

请查阅 GB/T 3838—2009 和附录的作业指导书（表 2-45），编写地表水中多氯联苯的测定方案。

表 2-44 检测方案

方案名称：________

一、任务目标及依据

（填写说明：概括说明本次任务要达到的目标及相关标准和技术资料）

二、工作内容安排

（填写说明：列出工作流程、工作要求、仪器设备和试剂、人员及时间安排等）

| 工作流程 | 工作要求 | 仪器设备及试剂 | 人员 | 时间安排 |
|---|---|---|---|---|
| | | | | |
| | | | | |
| | | | | |
| | | | | |
| | | | | |
| | | | | |
| | | | | |
| | | | | |
| | | | | |
| | | | | |

三、验收标准

（填写说明：本项目最终的验收相关项目的标准）

四、有关安全注意事项及防护措施等

（填写说明：对检测的安全注意事项及防护措施，废弃物处理等进行具体说明）

**表 2-45 作业指导书**

| 北京市工业技师学院分析检测中心作业指导书 | 文件编号： |
| --- | --- |
| 主题：地表水中多氯联苯的测定 | 第 页 共 页 |

1. 适用范围

以正己烷为提取剂，石英毛细管色谱柱分离，用 ECD 气相色谱法测定水中的多氯联苯。采用保留时间定性，外标法定量。实验表明，此方法能快速有效地提取并测定水体中的 PCB 污染物。8 种多氯联苯的质量浓度最低检测结果为 0.01～0.10μg・$L^{-1}$，回收率在 83.7%～101.6%，变异系数均小于 3%。方法简单、灵敏、准确，且有机溶剂使用量小。关键词：气相色谱法；多氯联苯；电子捕获检测器。

2. 实验

2.1 主要仪器和试剂

Agilent6890 型气相色谱仪；ECD 检测器，HP-Chemistation 化学工作站；HP-5 石英毛细管色谱柱（Agilent19091J-413，30m×0.32mm×0.25μm）；自动进样器。正己烷（分析纯）；氯化钠（分析纯），马弗炉 400℃烘 30min，冷却后磨口玻璃瓶中保存；硫代硫酸钠（分析纯）；纯水：超低有机物纯水。PCB 混合标准储备液：正己烷的质量浓度为 500mg・$L^{-1}$（作溶剂），SUPELCO 混合标样，含 8 种 PCB 单体。用 5mL 刻度吸管从 40mL 螺口样品瓶中吸取 5.0mL 样品弃去，在剩下的 35mL 样品中加入 6.0g NaCl，摇匀，加入 2.0mL 正己烷，旋紧瓶盖，剧烈振摇 3min，静置 15min，取上层有机相 2 份各 0.5mL 到自动进样小瓶中，其中一份进行色谱分析，另一份于 4℃冷藏保存，备用。同时根据质量控制要求，制备空白样品、基体加标样。

2.2 色谱分析条件

检测器温度：320℃，尾吹气流量：58.5mL・$min^{-1}$（载气：高纯氮）；进样口温度：250℃，分流进样（分流比为 1∶1）；柱流量：1.5mL・$min^{-1}$（恒流）；柱温：80℃（保持 2min），200℃（15min），300℃（总分析时间 31min）；进样量：1μL（自动进样）。

3. 测定

将多氯联苯混合标准使用液进一步稀释，配制成各组分质量浓度分别为 5μg・$L^{-1}$，10μg・$L^{-1}$，20μg・$L^{-1}$，50μg・$L^{-1}$，100μg・$L^{-1}$的系列标准溶液。标准曲线经色谱分析，得出 PCB 中 8 个组分多氯联苯的标准曲线。

**表 8 个组分多氯联苯的标准曲线**

| | 1 | 2 | 3 | 4 | 5 | 6 |
| --- | --- | --- | --- | --- | --- | --- |
| 多氯联苯混合标准浓度/(μg/L) | 0.0 | 5.0 | 10.0 | 20.0 | 50.0 | 100.0 |
| 峰面积 | | | | | | |

标准曲线：$a=$ 　　$b=$ 　　$R^2=$ 　　$y=$

4. 质量控制

4.1 方法检出限

根据低浓度的平行测定的标准偏差来计算方法检出限。其质量浓度为 5μg・$L^{-1}$标准样品 8 次平行测定结果的标准偏差在 0.07～0.57μg・$L^{-1}$之间，按照 3 倍标准偏差计算，8 种 PCB 的最小检出限为 0.22～1.71μg・$L^{-1}$。实际样品测试中，当取样量为 35mL 时，方法最低检测的质量浓度为 0.01～0.10μg・$L^{-1}$。

**表 多氯联苯方法检测限测定质量浓度结果**

| | 测定样品含量 | 平均含量 | 测定结果差值 | 测定标准偏差 |
| --- | --- | --- | --- | --- |
| 1 | | | | |
| 2 | | | | |
| 3 | | | | |
| 4 | | | | |
| 5 | | | | |
| 6 | | | | |
| 7 | | | | |
| 8 | | | | |

4.2 精密度与加标回收率

8 种多氯联苯 6 次平行测定植的相对标准差在 0.37%～2.49%之间；加标回收率在 83.7%～101.6%之间。

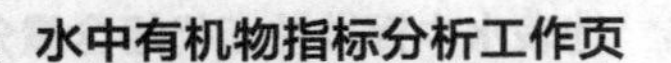


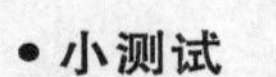

## •小测试

请你根据所学知识和查阅资料完成以下内容（表 2-46）。

**表 2-46　检测器情况**

| 序 号 | 检测器 | 缩写 | 类型 | 适用范围 | 检测限 | 线性范围 |
|---|---|---|---|---|---|---|
| 1 | 热导 | TCD | 通用型 | 有机物<br>无机物<br>非破坏性 | $0.2\times10^{-6}$ | $10^4$ |
| 2 | 氢火焰离子化 | | | | | |
| 3 | 电子捕获 | | | | | |
| 4 | 火焰光度 | | | | | |
| 5 | 氮磷 | | | | | |

## 三、评价（表 2-47）

请你根据下表要求对本活动中的工作和学习情况进行打分。

**表 2-47　评价**

| 评分项目 | | | 配分 | 评分细则 | 自评得分 | 小组评价 | 教师评价 |
|---|---|---|---|---|---|---|---|
| 素养（20分） | 纪律情况（5分） | 不迟到，不早退 | 2分 | 违反一次不得分 | | | |
| | | 积极思考回答问题 | 2分 | 根据上课统计情况得1～2分 | | | |
| | | 有书、本、笔，无手机 | 1分 | 违反规定不得分 | | | |
| | | 执行教师命令 | 0分 | 此为否定项，违规酌情扣10～100分，违反校规按校规处理 | | | |
| | 职业道德（5分） | 与他人合作 | 3分 | 不符合要求不得分 | | | |
| | | 认真钻研 | 2分 | 按认真程度得1～2分 | | | |
| | 5S（5分） | 场地、设备整洁干净 | 3分 | 合格得3分；不合格不得分 | | | |
| | | 服装整洁 | 2分 | 合格得2分；违反一项扣1分 | | | |
| | 职业能力（5分） | 总结能力 | 3分 | 视总结清晰流畅，问题清晰措施到位情况得1～3分 | | | |
| | | 沟通能力 | 2分 | 总结汇报良好沟通得1～2分 | | | |
| 核心技术（60分） | 技术总结（20分） | 语言表达 | 3分 | 视流畅通顺情况得1～3分 | | | |
| | | 关键步骤提炼 | 5分 | 视准确具体情况得5分 | | | |
| | | 问题分析 | 5分 | 能正确分析出现问题得1～5分 | | | |
| | | 时间要求 | 2分 | 在60min内完成总结得2分；超过5min扣1分 | | | |
| | | 体会收获 | 5分 | 有学习体会收获得1～5分 | | | |
| | 地表水中多氯联苯的测定（40分） | 资料使用 | 5分 | 正确查阅国家标准得5分；错误不得分 | | | |
| | | 目标依据 | 5分 | 正确完整得5分；基本完整扣2分 | | | |
| | | 工作流程 | 5分 | 工作流程正确得5分；错一项扣1分 | | | |
| | | 工作要求 | 5分 | 要求明确清晰得5分；错一项扣1分 | | | |

续表

<table>
<tr><th colspan="3">评分项目</th><th>配分</th><th>评分细则</th><th>自评得分</th><th>小组评价</th><th>教师评价</th></tr>
<tr><td rowspan="4">核心技术（60 分）</td><td rowspan="4">地表水中多氯联苯的测定（40 分）</td><td>人员</td><td>5 分</td><td>人员分工明确，任务清晰得 5 分；不明确一项扣 1 分</td><td></td><td></td><td></td></tr>
<tr><td>验收标准</td><td>5 分</td><td>标准查阅正确完整得 5 分；错项漏项一项扣 1 分</td><td></td><td></td><td></td></tr>
<tr><td>仪器试剂</td><td>5 分</td><td>完整正确得 5 分；错项漏项一项扣 1 分</td><td></td><td></td><td></td></tr>
<tr><td>安全注意事项及防护</td><td>5 分</td><td>完整正确，措施有效得 5 分；错项漏项一项扣 1 分</td><td></td><td></td><td></td></tr>
<tr><td rowspan="4">工作页完成情况（20 分）</td><td rowspan="4">按时完成工作页（20 分）</td><td>按时提交</td><td>5 分</td><td>按时提交得 5 分；迟交不得分</td><td></td><td></td><td></td></tr>
<tr><td>完成程度</td><td>5 分</td><td>按情况分别得 1～5 分</td><td></td><td></td><td></td></tr>
<tr><td>回答准确率</td><td>5 分</td><td>视情况分别得 1～5 分</td><td></td><td></td><td></td></tr>
<tr><td>书面整洁</td><td>5 分</td><td>视情况分别得 1～5 分</td><td></td><td></td><td></td></tr>
<tr><td colspan="5">总　　分</td><td></td><td></td><td></td></tr>
<tr><td colspan="5">综合得分（自评 20%，小组评价 30%，教师评价 50%）</td><td colspan="3"></td></tr>
<tr><td colspan="4">教师评价签字：</td><td colspan="4">组长签字：</td></tr>
<tr><td colspan="8">请你根据以上打分情况，对本活动当中的工作和学习状态进行总体评述（从素养的自我提升方面、职业能力的提升方面进行评述，分析自己的不足之处，描述对不足之处的改进措施）。</td></tr>
<tr><td colspan="8">教师指导意见</td></tr>
</table>

## 项目总体评价（表 2-48）

表 2-48　项目总体评价

<table>
<tr><th>项次</th><th>项目内容</th><th>权　重</th><th colspan="2">综合得分<br>（各活动加权平均分×权重）</th><th>备　注</th></tr>
<tr><td>1</td><td>接收任务</td><td>10%</td><td colspan="2"></td><td></td></tr>
<tr><td>2</td><td>制定方案</td><td>20%</td><td colspan="2"></td><td></td></tr>
<tr><td>3</td><td>实施检测</td><td>45%</td><td colspan="2"></td><td></td></tr>
<tr><td>4</td><td>验收交付</td><td>10%</td><td colspan="2"></td><td></td></tr>
<tr><td>5</td><td>总结拓展</td><td>15%</td><td colspan="2"></td><td></td></tr>
<tr><td>6</td><td colspan="2">合计</td><td colspan="2"></td><td></td></tr>
<tr><td>7</td><td>本项目合格与否</td><td colspan="2"></td><td colspan="2">教师签字：</td></tr>
<tr><td colspan="6">请你根据以上打分情况，对本项目当中的工作和学习状态进行总体评述（从素养的自我提升方面、职业能力的提升方面进行评述，分析自己的不足之处，描述对不足之处的改进措施）。</td></tr>
<tr><td colspan="6">教师指导意见</td></tr>
</table>

# 学习任务三

# 地表水中邻苯二甲酸丁酯含量分析

# 任务书

## 一、任务情景描述

北京市自来水公司，委托我院分析测试中心对密云水库供水水质进行增塑剂（邻苯二甲酸二丁酯）含量项目进行分析检测，以判断塑料输水管道对水质的影响情况，保证生活饮用水的安全。 我院分析检测中心接到该任务，决定由高级工来完成。 请你按照水质标准要求，在一周之内制定检测方案，完成分析检测，并给自来水公司出具检测报告。

工作过程符合5S规范，检测指标符合中华人民共和国水环境质量标准GB 3838—2002，方法符合 HJ/T 72—2001 工作过程符合5S规范，检测过程符合GB 3838—2002标准要求。

## 二、学习活动及课时分配表（表3-1）

表 3-1　课时分配表

| 活动序号 | 学习活动 | 学时安排 | 备　注 |
|---|---|---|---|
| 1 | 接受任务 | 6学时 | |
| 2 | 制定方案 | 12学时 | |
| 3 | 实施检测 | 34学时 | |
| 4 | 验收交付 | 6学时 | |
| 5 | 总结拓展 | 12学时 | |

# 学习活动一 接受任务

本活动将进行 6 学时，通过该活动，我们要明确“分析测试业务委托书”(表 3-3) 中任务的工作要求，完成离子含量的测定任务。具体工作步骤及要求见表 3-2。

表 3-2 具体工作步骤及要求

| 序号 | 工作步骤 | 要求 | 学时 | 备注 |
|---|---|---|---|---|
| 1 | 识读任务书 | 能快速准确明确任务要求并清晰表达，在教师要求的时间内完成，能够读懂委托书各项内容，离子特征与特点 | 1.0 学时 | |
| 2 | 确定检测方法和仪器设备 | 能够选择任务需要完成的方法，并进行时间和工作场所安排，掌握相关理论知识 | 3.0 学时 | |
| 3 | 编制任务分析报告 | 能够清晰地描写任务认知与理解等，思路清晰，语言描述流畅 | 1.5 学时 | |
| 4 | 评价 | | 0.5 学时 | |

**表 3-3　北京市工业技师学院分析测试中心**

分析测试业务委托书

批号：　　　　　　　　　　　记录格式编号：AS/QRPD002-10

| 顾客产品名称 | 地表水 | | 数量 | 1L |
|---|---|---|---|---|
| 顾客产品描述 | | | | |
| 顾客指定的用途 | | | | |
| 顾客委托分析测试事项情况记录 | | | | |
| 测试项目或参数 | 邻苯二甲酸二丁酯 | | | |
| 检测类别 | □咨询性检测　√仲裁性检测　□诉讼性检测 | | | |
| 期望完成时间 | □普通 年 月 日　√加急 年 月 日　□特急 年 月 日 | | | |
| 顾客对其产品及报告的处置意见 | | | | |
| 产品使用完后的处置方式 | □顾客随分析测试报告回收；<br>□按废物立即处理；<br>□按副样保存期限保存　√3个月　□6个月　□12个月　□24个月 | | | |
| 检测报告载体形式 | □纸质　□软盘　√电邮 | | 检测报告送达方式 | □自取　□普通邮寄<br>□传真　√电邮 |
| 顾客名称（甲方） | 北京北希望投资公司 | | 单位名称（乙方） | 北京市工业技师学院分析测试中心 |
| 地　址 | 北京朝阳区化工路 | | 地　址 | 北京市朝阳区化工路51号 |
| 邮政编码 | 101111 | | 邮政编码 | 100023 |
| 电　话 | 010-56930400 | | 电　话 | 010-67383433 |
| 传　真 | 010-56930500 | | 传　真 | 010-67383433 |
| E-mail | Beijing@cti-cert.com | | E-mail | chunfangli@msn.com |
| 甲方委托人（签名） | | | 甲方受理人（签名） | |
| 委托日期 | 年 月 日 | | 受理日期 | 年 月 日 |

注：1. 本委托书与院 ISO 9001　顾客财产登记表（AS/QRPD754—01表）等效。

2. 本委托书一式三份，甲方执一份，乙方执两份。甲方“委托人”和乙方“受理人”签字后协议生效。

## 一、识读任务书

1. 请同学们用红色笔划出委托单当中的关键词，并把关键词抄在下面横线上。

______________________________

______________________________

______________________________

2. 请你从关键词中选择词语组成一句话，说明该任务的要求。（要求：其中包含时间、地点、人物以及事件的具体要求）

______________________________

______________________________

______________________________

3. 委托书中需要检测的项目有：邻苯二甲酸二丁酯，请用化学符号进行表示（表 3-4）。

**表 3-4 待测项目**

| 待测项目 | 化学符号 |
| --- | --- |
| 邻苯二甲酸二丁酯 | |

4. 任务要求我们检测地表水中邻苯二甲酸二丁酯指标，请你回忆一下，之前检测过水中哪些有机物指标，采用的是什么方法？这种方法有哪些优点？（表 3-5）

**表 3-5 水中有机物测定方法**

| 水中有机物 | 测定方法 | 优点 |
| --- | --- | --- |
| | | |

5. 在之前学习过的饮用水中有机物测定项目中，你认为难度最大的环节是什么？最需要加强练习的环节又是什么？（不少于三条）

（1）______________________________

（2）______________________________

（3）______________________________

6. 通过查阅相关标准，地表水中邻苯二甲酸二丁酯测定的主要步骤是什么？

（1）______________________________

（2）______________________________

（3）______________________________

（4）______________________________

（5）______________________________

7. 请查阅《地表水中邻苯二甲酸二丁酯的测定液相色谱法》GB/T ____________，该标准的适用范围是______________________________；如果不在此范围内，怎样进行测定？

______________________________

## 二、确定检测方法和仪器设备

1. 任务书要求____天内完成该项任务，那么我们选择什么样的检测方法来完成呢？回忆一下之前所完成的工作，方法的选择一般有哪些注意事项？小组讨论完成，列出不少于 3 点，并解释。

（1）

（2）

（3）

2. 请查阅相关国标，并以表格形式罗列出检测项目都有哪些检测方法，特征（表 3-6）。

**表 3-6　检测方法及特征**

| 项目 | 国标 | 检测方法 | 特征(主要仪器设备) |
|---|---|---|---|
| 邻苯二甲酸二丁酯 | | | |
| | | | |
| | | | |
| | | | |
| | | | |

3. 检验标准和操作规程的获取方法有哪些？（不少于三条）

（1）

（2）

（3）

4. 检测标准是如何进行分类的？

（1）

（2）

（3）

## 三、编写任务分析报告（表 3-7）

**表 3-7　任务分析报告**

1. 基本信息

| 项　目 | | 名　称 | 备　注 |
|---|---|---|---|
| 1 | 委托任务的单位 | | |
| 2 | 项目联系人 | | |
| 3 | 委托样品 | | |
| 4 | 检验参照标准 | | |
| 5 | 委托样品信息 | | |
| 6 | 检测项目 | | |
| 7 | 样品存放条件 | | |
| 8 | 样品处置 | | |
| 9 | 样品存放时间 | | |
| 10 | 出具报告时间 | | |
| 11 | 出具报告地点 | | |

续表

2. 任务分析

(1)地表水中邻苯二甲酸二丁酯分别采用了哪些检测方法？

(2)针对地表水中上述两种邻苯二甲酸二丁酯不同的检测方法你准备选择哪一种？选择的依据是什么？

| 检测项目 | 选择方法 | 选择依据 |
| --- | --- | --- |
| 邻苯二甲酸二丁酯 | | |

(3)选择方法所使用的仪器设备列表。

| 项目 | 检测方法 | 主要仪器设备 |
| --- | --- | --- |
| 邻苯二甲酸二丁酯 | | |

## 四、评价（表 3-8）

表 3-8 评价

| 项次 | 项目要求 | | 配分 | 评分细则 | 自评得分 | 小组评价 | 教师评价 |
| --- | --- | --- | --- | --- | --- | --- | --- |
| 素养（20 分） | 纪律情况（5 分） | 按时到岗，不早退 | 2 分 | 缺勤全扣，迟到、早退出现一次扣 1 分 | | | |
| | | 积极思考回答问题 | 2 分 | 根据上课统计情况得 1～2 分 | | | |
| | | 学习用品准备 | 1 分 | 自己主动准备好学习用品并齐全得 1 分 | | | |
| | | 执行教师命令 | 0 分 | 此为否定项，违规酌情扣 10～100 分，违反校规按校规处理 | | | |
| | 职业道德（6 分） | 主动与他人合作 | 2 分 | 主动合作得 2 分；被动合作得 1 分 | | | |
| | | 主动帮助同学 | 2 分 | 能主动帮助同学得 2 分；被动得 1 分 | | | |
| | | 严谨、追求完美 | 2 分 | 对工作精益求精且效果明显得 2 分；对工作认真得 1 分；其余不得分 | | | |
| | 5S（4 分） | 桌面、地面整洁 | 2 分 | 自己的工位桌面、地面整洁无杂物，得 2 分；不合格不得分 | | | |
| | | 物品定置管理 | 2 分 | 按定置要求放置得 2 分；其余不得分 | | | |
| | 阅读能力（5 分） | 快速阅读能力 | 5 分 | 能快速准确明确任务要求并清晰表达得 5 分；能主动沟通在指导后达标得 3 分；其余不得分 | | | |

续表

| 项次 | 项目要求 | | 配分 | 评分细则 | 自评得分 | 小组评价 | 教师评价 |
|---|---|---|---|---|---|---|---|
| 核心技术（60分） | 识读任务书（20分） | 委托书各项内容 | 5分 | 能全部掌握得5分；部分掌握得2～3分；不清楚不得分 | | | |
| | | 邻苯二甲酸二丁酯测定方法的优点及难点 | 5分 | 总结全面到位得5分；部分掌握得3～4分；不清楚不得分 | | | |
| | | 邻苯二甲酸二丁酯测定标准查阅及总结 | 5分 | 全部阐述清晰得5分；部分阐述3～4分；不清楚不得分 | | | |
| | | 邻苯二甲酸二丁酯危害及防治 | 5分 | 全部阐述清晰得5分；部分阐述3～4分；不清楚不得分 | | | |
| | 列出检测方法和仪器设备（15分） | 每种邻苯二甲酸二丁酯检测方法的罗列齐全 | 5分 | 方法齐全，无缺项得5分；每缺一项扣1分，扣完为止 | | | |
| | | 列出的相对应的仪器设备齐全 | 5分 | 齐全无缺项得5分；有缺项扣1分；不清楚不得分 | | | |
| | | 对仲裁性及加急检测的理解与要求 | 5分 | 全部阐述清晰5分；部分阐述3～4分；不清楚不得分 | | | |
| | 任务分析报告（25分） | 基本信息准确 | 5分 | 能全部掌握得5分；部分掌握得1～4分；不清楚不得分 | | | |
| | | 每种邻苯二甲酸二丁酯最终选择的检测方法合理有效 | 5分 | 全部合理有效得5分；有缺项或者不合理扣1分 | | | |
| | | 检测方法选择的依据阐述清晰 | 5分 | 清晰能得5分；有缺陷或者无法解释的每项扣1分 | | | |
| | | 选择的检测方法与仪器设备匹配 | 5分 | 已选择的检测方法的仪器设备清单齐全，得5分；有缺项或不对应的扣1分 | | | |
| | | 文字描述及语言 | 5分 | 语言清晰流畅得5分；文字描述不清晰，但不影响理解与阅读得3分；字迹潦草无法阅读不得分 | | | |
| 工作页完成情况（20分） | 按时、保质保量完成工作页（20分） | 按时提交 | 4分 | 按时提交得4分，迟交不得分 | | | |
| | | 书写整齐度 | 3分 | 文字工整、字迹清楚得3分 | | | |
| | | 内容完成程度 | 4分 | 按完成情况分别得1～4分 | | | |
| | | 回答准确率 | 5分 | 视准确率情况分别得1～5分 | | | |
| | | 有独到的见解 | 4分 | 视见解程度分别得1～4分 | | | |
| | 合计 | | 100分 | | | | |
| 总分[加权平均分(自评20%，小组评价30%，教师评价50%)] | | | | | | | |
| 组长签字： | | | 教师评价签字： | | | | |
| 请你根据以上打分情况，对本活动当中的工作和学习状态进行总体评述(从素养的自我提升方面、职业能力的提升方面进行评述，分析自己的不足之处，描述对不足之处的改进措施)。 | | | | | | | |
| 教师指导意见 | | | | | | | |

# 学习活动二 制定方案

**建议学时**：12学时

**学习要求**：通过对地表水中邻苯二甲酸二丁酯的测定方法的分析，编制工作流程表、仪器设备清单，完成检测方案的编制。具体要求见表3-9。

**表3-9 具体要求**

| 序号 | 工作步骤 | 要求 | 学时 | 备注 |
| --- | --- | --- | --- | --- |
| 1 | 编制工作流程 | 在45min内完成，流程完整，确保检测工作顺利有效完成 | 2.0学时 | |
| 2 | 编制仪器设备清单 | 仪器设备、材料清单完整，满足离子色谱检测试验进程和客户需求 | 3.5学时 | |
| 3 | 编制检测方案 | 在90min内完成编写，任务描述清晰，检验标准符合客户要求、国标方法要求，工作标准、工作要求、仪器设备等与流程内容一一对应 | 6.0学时 | |
| 4 | 评价 | | 0.5学时 | |

## 一、编制工作流程

1. 我们之前学过地表水中邻苯二甲酸二丁酯的检测项目，回忆一下分析检测项目的主要工作流程一般可分为5部分完成，分别是配制溶液、确认仪器状态、验证检测方法、实施分析检测和出具检测报告。

请回忆一下，各部分的主要工作任务有哪些呢？各部分的工作要求分别是什么？大约需要花费多少时间呢（表3-10）？

**表3-10　任务名称：________________**

| 序号 | 工作流程 | 主要工作内容 | 评价标准 | 花费时间/h |
| --- | --- | --- | --- | --- |
| 1 | 配制溶液 | | | |
| 2 | 确认仪器状态 | | | |
| 3 | 验证检测方法 | | | |
| 4 | 实施分析检测 | | | |
| 5 | 出具检测报告 | | | |

2. 请你分析该项目选择的检测方法和作业指导书，写出工作流程，并写出完成的具体工作内容和要求（表3-11）。

**表3-11　工作流程内容及要求**

| 序号 | 工作流程 | 主要工作内容 | 要求 |
| --- | --- | --- | --- |
| 1 | | | |
| 2 | | | |
| 3 | | | |
| 4 | | | |
| 5 | | | |
| 6 | | | |
| 7 | | | |
| 8 | | | |
| 9 | | | |
| 10 | | | |

## 二、编制仪器设备清单

1. 为了完成检测任务，需要用到哪些试剂呢？请列表完成（表 3-12）。

**表 3-12 仪器设备清单**

| 序号 | 试剂名称 | 规格 | 配 制 方 法 |
|---|---|---|---|
| 1 | | | |
| 2 | | | |
| 3 | | | |
| 4 | | | |
| 5 | | | |
| 6 | | | |
| 7 | | | |
| 8 | | | |
| 9 | | | |
| 10 | | | |

2. 为了完成检测任务，需要用到哪些仪器设备呢？请列表完成（表 3-13）。

**表 3-13 仪器规格及作用**

| 序号 | 仪器名称 | 规格 | 作用 | 是否会操作 |
|---|---|---|---|---|
| 1 | | | | |
| 2 | | | | |
| 3 | | | | |
| 4 | | | | |
| 5 | | | | |
| 6 | | | | |
| 7 | | | | |
| 8 | | | | |
| 9 | | | | |
| 10 | | | | |

3. 如何配制 1000mg/L 储备标准溶液的呢（表 3-14）？

**表 3-14　配制标准溶液**

| 名称/(1000mg/L) | 采用的试剂 | 试剂纯度等级 | 配制方法 |
| --- | --- | --- | --- |
| | | | 称量____g,定容至____mL |
| | | | 称量____g,定容至____mL |
| | | | 称量____g,定容至____mL |
| | | | 称量____g,定容至____mL |
| | | | 称量____g,定容至____mL |
| | | | 称量____g,定容至____mL |

写出邻苯二甲酸二丁酯的计算过程。

## 三、编制检测方案（表 3-15）

**表 3-15　检测方案**

方案名称：____________________

一、任务目标及依据
（填写说明：概括说明本次任务要达到的目标及相关标准和技术资料）

二、工作内容安排
（填写说明：列出工作流程、工作要求、仪器设备和试剂、人员及时间安排等）

| 工作流程 | 工作要求 | 仪器设备及试剂 | 人员 | 时间安排 |
| --- | --- | --- | --- | --- |
| | | | | |
| | | | | |
| | | | | |
| | | | | |
| | | | | |
| | | | | |
| | | | | |
| | | | | |

三、验收标准
（填写说明：本项目最终的验收相关项目的标准）

四、有关安全注意事项及防护措施等
（填写说明：对检测的安全注意事项及防护措施，废弃物处理等进行具体说明）

## 四、评价（表 3-16）

表 3-16　评价

| 评分项目 | | | 配分 | 评分细则 | 自评得分 | 小组评价 | 教师评价 |
|---|---|---|---|---|---|---|---|
| 素养（20 分） | 纪律情况（5 分） | 不迟到，不早退 | 2 分 | 违反一次不得分 | | | |
| | | 积极思考，回答问题 | 2 分 | 根据上课统计情况得 1～2 分 | | | |
| | | 三有一无（有本、笔、书，无手机） | 1 分 | 违反规定每项扣 1 分 | | | |
| | | 执行教师命令 | 0 分 | 此为否定项，违规酌情扣 10～100 分，违反校规按校规处理。 | | | |
| | 职业道德（5 分） | 与他人合作 | 2 分 | 不符合要求不得分 | | | |
| | | 追求完美 | 3 分 | 对工作精益求精且效果明显得 3 分；对工作认真得 2 分；其余不得分 | | | |
| | 5S（5 分） | 场地、设备整洁干净 | 3 分 | 合格得 3 分；不合格不得分 | | | |
| | | 服装整洁，不佩戴饰物 | 2 分 | 合格得 2 分；违反一项扣 1 分 | | | |
| | 职业能力（5 分） | 策划能力 | 3 分 | 按方案策划逻辑性得 1～3 分 | | | |
| | | 资料使用 | 2 分 | 正确查阅作业指导书和标准得 2 分错误不得分 | | | |
| | | 创新能力（加分项） | 5 分 | 项目分类、顺序有创新，视情况得 1～5 分 | | | |
| 核心技术（60 分） | 时间（5 分） | 时间要求 | 5 分 | 90min 内完成得 5 分；超时 10min 扣 2 分 | | | |
| | 目标依据（5 分） | 目标清晰 | 3 分 | 目标明确，可测量得 1～3 分 | | | |
| | | 编写依据 | 2 分 | 依据资料完整得 2 分；缺一项扣 1 分 | | | |
| | 检测流程（15 分） | 项目完整 | 7 分 | 完整得 7 分；漏一项扣 1 分 | | | |
| | | 顺序 | 8 分 | 全部正确得 8 分；错一项扣 1 分 | | | |
| | 工作要求（5 分） | 要求清晰准确 | 5 分 | 完整正确得 5 分；错/漏一项扣 1 分 | | | |
| | 仪器设备试剂（10 分） | 名称完整 | 5 分 | 完整、型号正确得 5 分；错/漏一项扣 1 分 | | | |
| | | 规格正确 | 5 分 | 数量型号正确得 5 分；错/漏一项扣 1 分 | | | |
| | 人员（5 分） | 组织分配合理 | 5 分 | 人员安排合理，分工明确得 5 分；组织不适一项扣 1 分 | | | |
| | 验收标准（5 分） | 标准 | 5 分 | 标准查阅正确、完整得 5 分；错/漏一项扣 1 分 | | | |
| | 安全注意事项及防护等（10 分） | 安全注意事项 | 5 分 | 归纳正确、完整得 5 分 | | | |
| | | 防护措施 | 5 分 | 按措施针对性，有效性得 1～5 分 | | | |

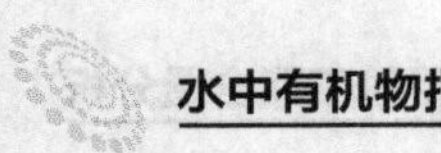


续表

| 评分项目 | | | 配分 | 评分细则 | 自评得分 | 小组评价 | 教师评价 |
|---|---|---|---|---|---|---|---|
| 工作页完成情况（20分） | 按时完成工作页（20分） | 按时提交 | 5分 | 按时提交得5分，迟交不得分 | | | |
| | | 完成程度 | 5分 | 按情况分别得1～5分 | | | |
| | | 回答准确率 | 5分 | 视情况分别得1～5分 | | | |
| | | 书面整洁 | 5分 | 视情况分别得1～5分 | | | |
| 总分 | | | | | | | |
| 综合得分（自评20%，小组评价30%，教师评价50%） | | | | | | | |
| 教师评价签字： | | | | 组长签字： | | | |

请你根据以上打分情况，对本活动当中的工作和学习状态进行总体评述（从素养的自我提升方面、职业能力的提升方面进行评述，分析自己的不足之处，描述对不足之处的改进措施）。

教师指导意见

# 学习活动三 实施检测

**建议学时**：34 学时

**学习要求**：按照检测实施方案中的内容，完成地表水中邻苯二甲酸二丁酯的测定含量分析，过程中符合安全、规范、环保等 5S 要求，具体要求见表 3-17。

**表 3-17 工作要求**

| 序号 | 工作步骤 | 要求 | 学时 | 备注 |
|---|---|---|---|---|
| 1 | 配制溶液 | 规定时间内完成溶液配制，准确，原始数据记录规范，操作过程规范 | 4.0 学时 | |
| 2 | 确认仪器状态 | 能够在阅读仪器的操作规程指导下，正确的操作仪器，并对仪器状态进行准确判断 | 6.0 学时 | |
| 3 | 检测方法验证 | 能够根据方法验证的参数，对方法进行验证，并判断方法是否合适 | 16 学时 | |
| 4 | 实施分析检测 | 严格按照标准方法和作业指导书要求实施分析检测，最后得到样品数据 | 7.5 学时 | |
| 5 | 评价 | | 0.5 学时 | |

## 一、安全注意事项

现在我们要学习一个新的检测任务：地表水中邻苯二甲酸二丁酯的测定——液相色谱法，请根据以前学过的饮用水中多环芳烃检测任务，说明邻苯二甲酸二丁酯检测需要注意的安全注意事项。

______________________________________________

______________________________________________

______________________________________________

## 二、配制溶液

1. 阅读学习材料 1

（1）标准贮备液配制方法

① 配制 1000mg/L 贮备标准溶液。

② 邻苯二甲酸二丁酯贮备标准溶液：称取适量，用色谱纯甲醇稀释。

（2）配制混合标准工作溶液

吸取适量的贮备液，用色谱纯甲醇稀释至刻度，摇匀。

（3）保存

① 使用玻璃瓶瓶，保存在暗处及 4℃左右。（通常可以保存 6 个月）

② mg/L 浓度的混合标准不能长期保存，应经常配制。

③ μg/L 浓度的混合标准应在使用前临时配制。

2. 请完成标准贮备液的配制，并做好配制记录（表 3-18）。

表 3-18　溶液配制

| 名称/(1000mg/L) | 采用的试剂 | 试剂纯度等级 | 配制方法 |
|---|---|---|---|
| | | | 称量____g，定容至____mL |
| | | | 称量____g，定容至____mL |
| | | | 称量____g，定容至____mL |
| | | | 称量____g，定容至____mL |
| | | | 称量____g，定容至____mL |

3. 你们小组设计的标准工作液浓度是什么？(表 3-19)

表 3-19 标准工作液浓度

| 名 称 | 混合标准 1 /(mg/L) | 混合标准 2 /(mg/L) | 混合标准 3 /(mg/L) | 混合标准 4 /(mg/L) | 混合标准 5 /(mg/L) |
| --- | --- | --- | --- | --- | --- |
| | | | | | |
| | | | | | |
| | | | | | |
| | | | | | |
| | | | | | |
| | | | | | |

记录配制过程：

(1) ______

(2) ______

(3) ______

(4) ______

(5) ______

你的小组在配制过程中的异常现象及处理方法：

(1) ______

(2) ______

(3) ______

(4) ______

4. 根据上个项目所学知识回答问题。

下列说法是否正确？请将正确的做法写在横线上。

(1) 缓冲盐溶解后不需要过滤就可以作为 HPLC 的流动相。(　　)

正确做法：______

(2) 可以使用硝酸纤维素膜（水相）过滤甲醇。(　　)

正确做法：______

(3) 甲醇/水组成的混合液作为流动相时，极易产生气泡，所以混合后应抽真空脱气。(　　)

正确做法：

(4) 使用缓冲盐作为流动相后，易有结晶析出，故应当更换泵头清洗液或清洗泵头。(　　)

正确做法：

(5) HPLC 应用最多的是 UVD，所以 UVD 是 HPLC 的通用型检测器。(　　)

正确做法：

(6) HPLC 和 GC 都使用柱温箱，柱温箱的作用都是一样的。(　　)

正确做法：

(7) 如果紫外或可见灯表面有脏物，可以直接用手将它们擦去。(　　)

正确做法：

(8) HPLC 填料的粒径越小，流动相流经越困难，因此柱压升高，但是柱效下降。(　　)

正确做法：

(9) 在使用缓冲盐作流动相时，直接和水互换就可以了，无需使用其他溶剂过渡。(　　)

正确做法：

## 三、确认仪器状态

1. 对照图片，填写 HPLC 各部分的名称。

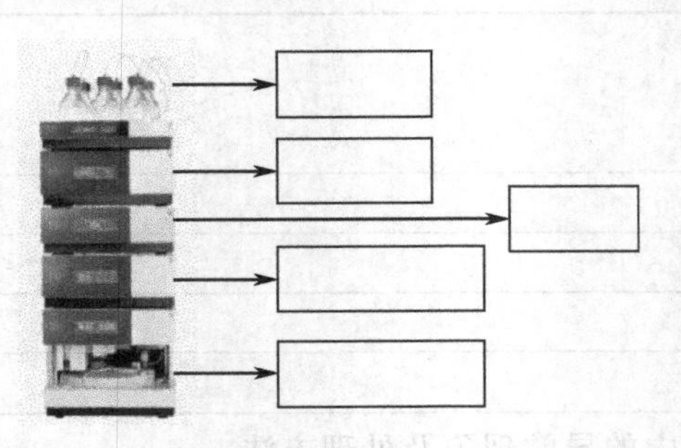

2. 请将下列色谱名词的中英文对应连线。

| | |
|---|---|
| 流动相 | stationary phase |
| 固定相 | mobile phase |
| 气相色谱 | high performance liquid chromatography |
| 高效液相色谱 | gas chromatography |
| 正相色谱 | normal phase chromatography |
| 反相色谱 | reversed phase chromatography |
| 泵 | column oven |
| 色谱柱 | pump |
| 柱温箱 | column |
| 检测器 | diode array detector |
| 紫外检测器 | detector |
| 二极管阵列检测器 | UV detector |

3. 请将图中英文翻译成中文，标出六通阀进样器在两个不同位置下的流路方向，并填写切换角度值。

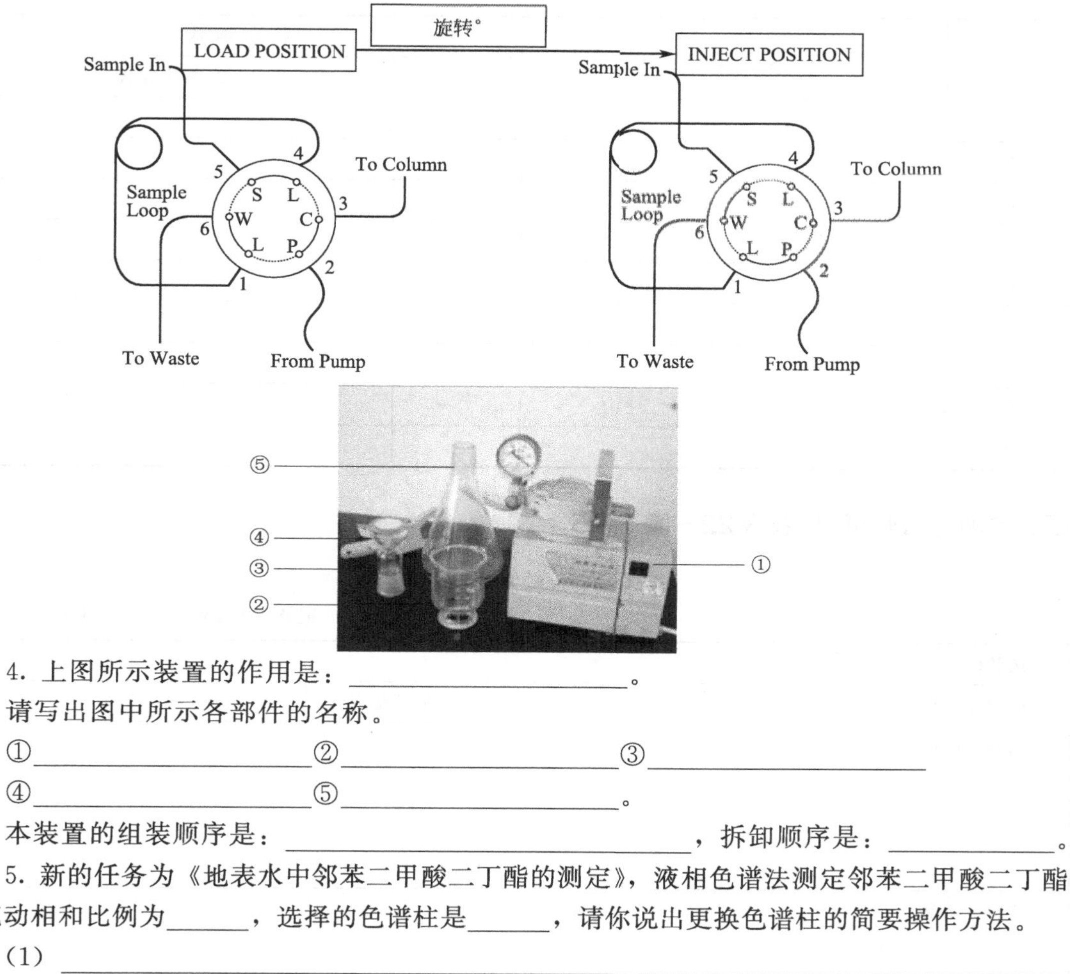


4. 上图所示装置的作用是：____________。

请写出图中所示各部件的名称。

①____________②____________③____________

④____________⑤____________。

本装置的组装顺序是：____________，拆卸顺序是：____________。

5. 新的任务为《地表水中邻苯二甲酸二丁酯的测定》，液相色谱法测定邻苯二甲酸二丁酯的流动相和比例为______，选择的色谱柱是______，请你说出更换色谱柱的简要操作方法。

(1)____________

(2)____________

6. 在本标准中选择的检测器型号是________使用波长是________。

7. 按照操作规程，记录仪器状态，并判断仪器状态是否稳定（表 3-20）。

**表 3-20 仪器状态**

| 仪器编号 | | 组 别 | |
|---|---|---|---|
| 参 数 | 数 值 | 是否正常 | 非正常处理方法 |
| | | | |
| | | | |
| | | | |
| | | | |
| | | | |
| | | | |
| | | | |
| | | | |

8. 完成仪器准备确认单（表 3-21）。

表 3-21　仪器准备确认单

| 序　号 | 仪器名称 | 状态确认 | |
|---|---|---|---|
| | | 可行 | 否，解决办法 |
| 1 | | | |
| 2 | | | |
| 3 | | | |
| 4 | | | |
| 5 | | | |
| 6 | | | |
| 7 | | | |
| 8 | | | |
| 9 | | | |

## 四、检测方法验证（表 3-22～表 3-25）

表 3-22　检测方法验证评估表

记录格式编号：AS/QRPD002—40

| 方法名称 | | | |
|---|---|---|---|
| 方法验证时间 | | 方法验证地点 | |
| 方法验证过程 | | | |
| 方法验证结果<br><br>验证负责人：　　日期： | | | |

| 方法验证人员 | 分　工 | 签字 |
|---|---|---|
| | | |
| | | |
| | | |
| | | |
| | | |
| | | |
| | | |
| | | |

**表 3-23 检测方法试验验证报告**

记录格式编号：AS/QRPD002—41

| 方法名称 | | | | | |
|---|---|---|---|---|---|
| 方法验证时间 | | | 方法验证地点 | | |
| 方法验证依据 | | | | | |
| 方法验证结果 | | | | | |
| | | | | | |
| | | | | | |
| | | | | | |
| | | | | | |
| | | | | | |
| | | | | | |
| | | | | | |
| | | | | | |
| | | | | | |
| | | | | | |
| | | | | | |
| | | | | | |
| | | | | | |
| | | | | | |
| | | | | | |
| | | | | | |

验证人： 校核人： 日期：

**表 3-24　新检测项目试验验证确认报告**

记录格式编号：AS/QRPD002—52

| 方法名称 | | | |
|---|---|---|---|
| 检测参数 | | | |
| 检测依据 | | | |
| 方法验证时间 | | 方法验证地点 | |
| 验证人 | | 验证人意见 | |
| 技术负责人意见<br><br>签字：　　　　日期： | | | |
| 中心主任意见<br><br>签字：　　　　日期： | | | |

**表 3-25　方法验证参数记录表**

| 序 号 | 参　　数 | 工 作 过 程 |
|---|---|---|
| 1 | | |
| 2 | | |
| 3 | | |
| 4 | | |
| 5 | | |
| 6 | | |
| 7 | | |
| 8 | | |
| 9 | | |
| 10 | | |

## 五、实施分析检测

1. 在实验前请你检查小组的检测方案是否完整，小组成员是否按照实验方案来进行实验操作，请记录检测过程中出现的问题及解决方法（表 3-26）。

**表 3-26　问题及解决方法**

| 序号 | 出现的问题 | 解决方法 | 原 因 分 析 |
| --- | --- | --- | --- |
| 1 | | | |
| 2 | | | |
| 3 | | | |
| 4 | | | |
| 5 | | | |

2. 请做好实验记录，并且在仪器旁的仪器使用记录上签字（表 3-27）。

**表 3-27　实验记录**

| 小组名称 | | 组员 | |
| --- | --- | --- | --- |
| 仪器型号/编号 | | 所在实验室 | |
| 流动相 | | 流动相比例 | |
| 色谱柱类型 | | 泵压 | |
| 检测器类型 | | 波长 | |
| 流速 | | 进样量 | |
| 仪器使用是否正常 | | | |
| 组长签名/日期 | | | |

3. 请你按照方案的时间安排，完成本环节的检测任务，填写表 3-28。

**表 3-28　北京市工业技师学院分析测试中心地表水中邻苯二甲酸二丁酯的测定原始记录**

编号：GLAC-JL -R058-1　　序号：

样品类别：　　检测日期：

样品状态：　　与任务书是否一致：□一致　　□不一致，

不一致的样品编号及相关说明：________。

检测项目：

检测依据：GB/T 15454—2009 地表水中邻苯二甲酸二丁酯的测定-液相色谱法

仪器名称：岛津 L-15A 液相色谱　　仪器编号：00100557

检测地点：JC － 106　　室内温度：　　℃　　室内湿度：　　%

标准物质标签：见：GLAC-JL-42-　　标准物质溶液稀释表（序号：　　）

| 标准工作液名称 | 编号 | 浓度/(mg/L) | 配制人 | 配制日期 | 失效日期 |
| --- | --- | --- | --- | --- | --- |
| | | | | | |
| | | | | | |

邻苯二甲酸二丁酯标准物质工作曲线：

| 工作曲线标准物质浓度/(mg/L) | | | | | |
| --- | --- | --- | --- | --- | --- |
| 峰面积 | | | | | |
| 回归方程 | | | $r$ | | |

计算公式：

$$C=M\times D$$

式中 $C$——样品中待测物质含量，mg/L；

$M$——由校准曲线上查得样品中待测物质的含量，mg/L；

$D$——样品稀释倍数。

检测结果：

检出限： 检测结果保留三位有效数字

编号：GLAC-JL -R058-1 序号：

| 样品编号 | 样品名称 | 校准曲线上查得样品中待测物质含量 $(M)$/(mg/L) | 稀释倍数 $(D)$ | 测得含量 $(C)$/(mg/L) | 平均值/(mg/L) | 检测结果/(mg/L) | 测得误差/% | 允许误差/% |
| --- | --- | --- | --- | --- | --- | --- | --- | --- |
| | | | | | | | | |
| | | | | | | | | |
| | | | | | | | | |
| | | | | | | | | |
| | | | | | | | | |
| | | | | | | | | |
| | | | | | | | | |
| | | | | | | | | |
| | | | | | | | | |
| | | | | | | | | |
| | | | | | | | | |
| | | | | | | | | |

检测人： 校核人：

第 页 共 页

请你根据上述检测结果及阅读资料，分析小组的检测结果。

(1) 请你分析一下，你的小组检测结果的自平行结果符合要求吗？

（2）请使用简单的语句说明水中邻苯二甲酸二辛酯测定的原理。

______________________________________________

______________________________________________

______________________________________________

______________________________________________

（3）样品的预处理方法是什么？上清液用氮气吹干，加入 0.5mL 甲醇摇匀，待测。请你说明氮气吹干和用甲醇定容的作用。

______________________________________________

______________________________________________

______________________________________________

______________________________________________

（4）方法的线性范围和最低检出限：按分析步骤配制一系列的标准溶液，根据实验测定出在某个范围时，浓度与峰面积呈良好的线性关系。请你做实验说明你的小组的线性范围是多少？最低检出限为取 3 倍噪声信号的浓度，请你做出最低检出限。

______________________________________________

______________________________________________

______________________________________________

______________________________________________

## 六、教师考核表（表 3-29）

**表 3-29 教师考核表**

| 地表水中邻苯二甲酸二丁酯的含量分析实施检测<br>方案工作流程评价表 | | | | | | |
|---|---|---|---|---|---|---|
| 第一阶段：配制溶液（10 分） | | | 正确 | 错误 | 分值 | 得分 |
| 1 | 处理流动相 | 流动相选择 | | | 4 分 | |
| 2 | | 流动相过滤 | | | | |
| 3 | | 流动相脱气 | | | | |
| 4 | | 流动相比例 | | | | |
| 5 | | 废液收集 | | | | |
| 6 | | 流动相保存 | | | | |
| 7 | 配制标准溶液 | 标准溶液药品准备 | | | 4 分 | |
| 8 | | 标准溶液药品选择 | | | | |
| 9 | | 标准溶液药品干燥 | | | | |
| 10 | | 标准溶液药品称量 | | | | |
| 11 | | 标准溶液药品转移定容 | | | | |
| 12 | | 标准溶液保存 | | | | |
| 13 | 配制标准工作液 | 标准溶液计算 | | | 2 分 | |
| 14 | | 标准溶液移取定容 | | | | |
| 15 | | 标准溶液保存 | | | | |

续表

| 第二阶段:确认仪器设备状态(20分) | | | 正确 | 错误 | 分值 | 得分 |
|---|---|---|---|---|---|---|
| 16 | 认知仪器 | 溶剂瓶位置 | | | 5分 | |
| 17 | | 脱气泵位置 | | | | |
| 18 | | 排气阀阀位置 | | | | |
| 19 | | 泵位置 | | | | |
| 20 | | 压力传感器位置 | | | | |
| 21 | | 蠕动泵位置 | | | | |
| 22 | | 混合器器位置 | | | | |
| 23 | | 比例阀位置 | | | | |
| 24 | | 流动相在线脱气位置 | | | | |
| 25 | | 进样阀位置 | | | | |
| 26 | | 样品环位置 | | | | |
| 27 | | 注射器位置 | | | | |
| 28 | | 保护柱/分离柱位置 | | | | |
| 29 | | 检测器的位置 | | | | |
| 30 | | 灯的位置 | | | | |
| 31 | | 废液管位置 | | | | |
| 32 | 仪器操作检查 | 确认液相色谱与计算机数据线连接 | | | 15分 | |
| 33 | | 选择 Chromeleon>Sever Monitor | | | | |
| 34 | | 双击在桌面上的工作站主程序 | | | | |
| 35 | | 打开液相色谱操作控制面板 | | | | |
| 36 | | 选中 Connected 使软件和液相色谱连接 | | | | |
| 37 | | 打开 purge 阀 | | | | |
| 38 | | 按 purge 键 | | | | |
| 39 | | 观察指示灯 | | | | |
| 40 | | 关 purge 键 | | | | |
| 41 | | 设置流速 | | | | |
| 42 | | 开泵 | | | | |
| 43 | | 设置柱箱温度 | | | | |
| 44 | | 设置波长 | | | | |
| 45 | | 开灯 | | | | |
| 46 | | 降低流速 | | | | |
| 47 | | 关灯 | | | | |
| 48 | | 关泵关软件 | | | | |
| 49 | | 关闭计算机、显示器的电源开关 | | | | |
| 第三阶段:检测方法验证(15分) | | | 正确 | 错误 | 分值 | 得分 |
| 50 | 填写检测方法验证评估表 | | | | 15分 | |
| 51 | 填写检测方法试验验证报告 | | | | | |
| 52 | 填写新检测项目试验验证确认报告 | | | | | |

续表

| 第四阶段:实施分析检测(20 分) | | 正确 | 错误 | 分值 | 得分 |
|---|---|---|---|---|---|
| 53 | 检查流速 | | | 20 分 | |
| 54 | 检查柱温 | | | | |
| 55 | 检查波长 | | | | |
| 56 | 查看基线 15min,稳定后分析 | | | | |
| 57 | 建立程序文件 | | | | |
| 58 | 建立方法文件 | | | | |
| 59 | 建立样品表文件 | | | | |
| 60 | 加入样品到自动进样器 | | | | |
| 61 | 启动样品表 | | | | |
| 62 | 建立标准曲线,曲线浓度填写 | | | | |
| 63 | 标准曲线线性相关系数 | | | | |
| 64 | 标准曲线线性方程 | | | | |
| 65 | 样品检测结果记录 | | | | |
| 66 | 样品检测结果自平行 | | | | |
| 第五阶段:原始记录评价(15 分) | | 正确 | 错误 | 分值 | 得分 |
| 67 | 填写标准溶液原始记录 | | | 15 分 | |
| 68 | 填写仪器操作原始记录 | | | | |
| 69 | 填写方法验证原始记录 | | | | |
| 70 | 填写检测结果原始记录 | | | | |
| 地表水中邻苯二甲酸二丁酯含量项目分值小计 | | | | 80 分 | |

| 综合评价项目 | | 详细说明 | 分值 | 得分 |
|---|---|---|---|---|
| 1 | 基本操作规范性 | 动作规范准确得 3 分 | 3 分 | |
| | | 动作比较规范,有个别失误得 2 分 | | |
| | | 动作较生硬,有较多失误得 1 分 | | |
| 2 | 熟练程度 | 操作非常熟练得 5 分 | 5 分 | |
| | | 操作较熟练得 3 分 | | |
| | | 操作生疏得 1 分 | | |
| 3 | 分析检测用时 | 按要求时间内完成得 3 分 | 3 分 | |
| | | 未按要求时间内完成得 2 分 | | |
| 4 | 实验室 5S | 试验台符合 5S 得 2 分 | 2 分 | |
| | | 试验台不符合 5S 得 1 分 | | |
| 5 | 礼貌 | 对待考官礼貌得 2 分 | 2 分 | |
| | | 欠缺礼貌得 1 分 | | |
| 6 | 工作过程安全性 | 非常注意安全得 5 分 | 5 分 | |
| | | 有事故隐患得 1 分 | | |
| | | 发生事故得 0 分 | | |
| 综合评价项目分值小计 | | | 20 分 | |
| 总成绩分值合计 | | | 100 分 | |

## 七、评价（表 3-30）

表 3-30　评价

| 评分项目 | | | 配分 | 评分细则 | 自评得分 | 小组评价 | 教师评价 |
|---|---|---|---|---|---|---|---|
| 素养（20 分） | 纪律情况（5 分） | 不迟到，不早退 | 2 分 | 违反一次不得分 | | | |
| | | 积极思考回答问题 | 2 分 | 根据上课统计情况得 1～2 分 | | | |
| | | 三有一无（有本、笔、书，无手机） | 1 分 | 违反规定不得分 | | | |
| | | 执行教师命令 | 0 分 | 此为否定项，违规酌情扣 10～100 分，违反校规按校规处理 | | | |
| | 职业道德（5 分） | 与他人合作 | 2 分 | 不符合要求不得分 | | | |
| | | 追求完美 | 3 分 | 对工作精益求精且效果明显得 3 分；对工作认真得 2 分；其余不得分 | | | |
| | 5S（5 分） | 场地、设备整洁干净 | 3 分 | 合格得 3 分；不合格不得分 | | | |
| | | 服装整洁，不佩戴饰物 | 2 分 | 合格得 2 分；违反一项扣 1 分 | | | |
| | 职业能力（5 分） | 策划能力 | 3 分 | 按方案策划逻辑性得 1～3 分 | | | |
| | | 资料使用 | 2 分 | 正确查阅作业指导书和标准得 2 分；错误不得分 | | | |
| | | 创新能力（加分项） | 5 分 | 项目分类、顺序有创新，视情况得 1～5 分 | | | |
| 核心技术（60 分） | 教师考核分＿＿＿＿×0.6＝＿＿＿＿ | | | | | | |
| 工作页完成情况（20 分） | 按时完成工作页（20 分） | 按时提交 | 5 分 | 按时提交得 5 分，迟交不得分 | | | |
| | | 完成程度 | 5 分 | 按情况分别得 1～5 分 | | | |
| | | 回答准确率 | 5 分 | 视情况分别得 1～5 分 | | | |
| | | 书面整洁 | 5 分 | 视情况分别得 1～5 分 | | | |
| 总　分 | | | | | | | |
| 综合得分（自评 20%，小组评价 30%，教师评价 50%） | | | | | | | |
| 教师评价签字： | | | | 组长签字： | | | |

请你根据以上打分情况，对本活动当中的工作和学习状态进行总体评述（从素养的自我提升方面、职业能力的提升方面进行评述，分析自己的不足之处，描述对不足之处的改进措施）。

教师指导意见

# 学习活动四　验收交付

**建议学时**：6学时

**学习要求**：能够对检测原始数据进行数据处理并规范完整的填写报告书，并对超差数据原因进行分析，具体要求见表3-31。

**表3-31　具体要求**

| 序号 | 工作步骤 | 要求 | 学时 | 备注 |
|---|---|---|---|---|
| 1 | 编制数据评判表 | 计算精密度、准确度、相关系数、互平行数据并填写评判表 | 4.0学时 | |
| 2 | 编写成本核算表 | 能计算耗材和其他检测成本 | 1.0学时 | |
| 3 | 填写检测报告书 | 依据规范出具检测报告校对、签发 | 0.5学时 | |
| 4 | 评价 | 按评价表对学生各项表现进行评价 | 0.5学时 | |

## 一、编制数据评判表

1. 对原始记录数据进行计算，并将计算结果填写在原始记录报告单上。

2. 请写出邻苯二甲酸二丁酯含量计算公式、精密度计算公式和质量控制计算公式？

3. 数据评判表（表 3-32）。

**表 3-32　数据评判表**

(1)相关规定：①精密度≤10%，满足精密度要求
精密度>10%，不满足精密度要求
②相关系数≥0.995，满足要求
相关系数<0.995，不满足要求
③互平行≤15%，满足精密度要求
互平行>15%，不满足精密度要求
④质控范围　90%～120%

(2)实际水平及判断　符合准确性要求：是□　否□

邻苯二甲酸二丁酯

| 内容 | 自平行 | 相关系数 | 质控值 | 互平行性 |
| --- | --- | --- | --- | --- |
| 实际水平 | | | | |
| 标准值 | | | | |
| 判定结果 | | | | |

思考：若不能满足规定要求时，请分析造成原因？下一步应该如何做？
（提示：个人不能判断时，可进行小组讨论）

## 二、编写成本核算表

1. 请小组讨论，回顾整个任务的工作过程，罗列出我们所使用的试剂耗材，并参考库房管理员提供的价格清单，对此次任务的单个样品使用耗材进行成本估算（表 3-33）。

表 3-33 单个样品使用耗材成本估算

| 序号 | 试剂名称 | 规格 | 单价/元 | 使用量 | 成本/元 |
| --- | --- | --- | --- | --- | --- |
| 1 | | | | | |
| 2 | | | | | |
| 3 | | | | | |
| 4 | | | | | |
| 5 | | | | | |
| 6 | | | | | |
| 7 | | | | | |
| 8 | | | | | |
| 9 | | | | | |
| 10 | | | | | |
| 11 | | | | | |
| 12 | | | | | |
| 13 | | | | | |
| 合计 | | | | | |

2. 工作中，除了试剂耗材成本以外，要完成一个任务，还有哪些成本呢？比如人工成本、固定资产折旧等，请小组讨论，罗列出至少 3 条（表 3-34）。

表 3-34 其他成本估算

| 序号 | 项目 | 单价/元 | 使用量 | 成本/元 |
| --- | --- | --- | --- | --- |
| 1 | | | | |
| 2 | | | | |
| 3 | | | | |
| 4 | | | | |
| 5 | | | | |

3. 如何有效地在保证质量的基础上控制成本呢？请小组讨论，罗列出至少 3 条。

（1）____________________

____________________

（2）____________________

____________________

（3）____________________

____________________

（4）____________________

____________________

## 三、填写检测报告书

如果检测数据评判合格，按照报告单的填写程序和填写规定认真填写检测报告书（表 3-35）；如果评判数据不合格，需要重新检测数据合格后填写检测报告。

表 3-35 北京市工业技师学院

分析测试中心

# 检 测 报 告 书

检品名称＿＿＿＿＿＿＿＿＿＿＿＿＿＿＿＿＿＿＿＿

被检单位＿＿＿＿＿＿＿＿＿＿＿＿＿＿＿＿＿＿＿＿

报告日期　　年　　月　　日

**检测报告书首页** 北京市工业技师学院分析测试中心

字（20 年）第 号

检品名称________ 检测类别 委托（送样）

被检单位________ 检品编号________

生产厂家________ 检测目的________ 生产日期________

检品数量________ 包装情况________ 采样日期________

采样地点________ 检品性状________ 送检日期________

检测项目________

检测及评价依据：

本栏目以下无内容

结论及评价：

本栏目以下无内容

检测环境条件： 温度： 相对湿度： 气压：

主要检测仪器设备：

名称 编号 型号

名称 编号 型号

报告编制： 校对： 签发： 盖章

年 月 日

报告书包括封面、首页、正文（附页）、封底，并盖有计量认证章、检测章和骑缝章。

**检测报告书**

| 项目名称 | 限值 | 测定值 | 判定 |
| --- | --- | --- | --- |

报告书包括封面、首页、正文（附页）、封底，并盖有计量认证章、检测章和骑缝章。

## 四、评价（表3-36）

请你根据下表要求对本活动中的工作和学习情况进行打分。

表3-36 评价

| 项次 | | 项目要求 | 配分 | 评分细则 | 自评得分 | 小组评价 | 教师评价 |
|---|---|---|---|---|---|---|---|
| 素养（20分） | 纪律情况（5分） | 按时到岗，不早退 | 2分 | 违反规定，每次扣5分 | | | |
| | | 积极思考，回答问题 | 2分 | 根据上课统计情况得1～5分 | | | |
| | | 三有一无（有本、笔、书，无手机） | 1分 | 违反规定不得分 | | | |
| | | 执行教师命令 | 0分 | 此为否定项，违规酌情扣10～100分，违反校规按校规处理 | | | |
| | 职业道德（10分） | 能与他人合作 | 3分 | 不符合要求不得分 | | | |
| | | 数据填写 | 3分 | 能客观真实得3分；篡改数据得0分 | | | |
| | | 追求完美 | 4分 | 对工作精精益求精且效果明显得4分；对工作认真得3分；其余不得分 | | | |
| | 成本意识（5分） | | 5分 | 有成本意识，使用试剂耗材节约，能计算成本量得5分；达标得3分；其余不得分 | | | |
| 核心技术（60分） | 数据处理（5分） | 能独立进行数据的计算和取舍 | 5分 | 独立进行数据处理，得5分；在同学老师的帮助下完成，可得2分 | | | |
| | 评判结果（40分） | 能正确评判工作曲线和相关系数 | 10分 | 能正确评判合格与否得10分；评判错误不得分 | | | |
| | | 能够评判精密度是否合格 | 10分 | 自平行≤5%得10分；5%～10%之间得0～10分；自平行>10%不得分 | | | |
| | | 能够达到互平行标准 | 10分 | 互平行≤10%得10分；10%～15%之间得0～10分；自平行>15%不得分 | | | |
| | | 能够达到质控标准 | 10分 | 能够达到质控值得10分 | | | |
| | 报告填写（15分） | 填写完整规范 | 5分 | 完整规范得5分，涂改填错一处扣2分 | | | |
| | | 能够正确得出样品结论 | 5分 | 结论正确得5分 | | | |
| | | 校对签发 | 5分 | 校对签发无误得5分 | | | |
| 工作页完成情况（20分） | 按时完成工作页（20分） | 及时提交 | 5分 | 按时提交得5分，迟交不得分 | | | |
| | | 内容完成程度 | 5分 | 按完成情况分别得1～5分 | | | |
| | | 回答准确率 | 5分 | 视准确率情况分别得1～5分 | | | |
| | | 有独到的见解 | 5分 | 视见解程度分别得1～5分 | | | |
| 总分 | | | | | | | |
| 加权平均（自评20%，小组评价30%，教师评价50%） | | | | | | | |
| 教师评价签字： | | | | 组长签字： | | | |
| 请你根据以上打分情况，对本活动当中的工作和学习状态进行总体评述（从素养的自我提升方面、职业能力的提升方面进行评述，分析自己的不足之处，描述对不足之处的改进措施）。 | | | | | | | |
| 教师指导意见 | | | | | | | |

# 学习活动五 总结拓展

**建议学时**：12学时

**学习要求**：通过本活动总结本项目的作业规范和核心技术并通过同类项目练习进行强化（表3-37）。

表3-37 具体工作步骤及要求

| 序号 | 工作步骤 | 要求 | 学时 | 备注 |
| --- | --- | --- | --- | --- |
| 1 | 撰写项目总结 | 能在60min内完成总结报告撰写，要求提炼问题有价值，能分析检测过程中遇到的问题 | 2.0学时 | |
| 2 | 编制塑料瓶装饮料中邻苯二甲酸二丁酯的测定方案 | 在60min内按照要求完成只能一次性塑料瓶装饮料中邻苯二甲酸二丁酯的测定方案的编写 | 3.5学时 | |
| 3 | 查找液相色谱应用案例 | 查找案例，并且用PPT展示 | 6.0学时 | |
| 4 | 评价 | | 0.5学时 | |

## 一、撰写项目总结（表 3-38）

要求：

（1）语言精练，无错别字。

（2）编写内容主要包括：学习内容、体会、学习中的优缺点及改进措施。

（3）要求字数 500 字左右，在 60min 内完成。

表 3-38 项目总结

______项目总结

一、任务说明

二、工作过程

| 序号 | 主要操作步骤 | 主要要点 |
| --- | --- | --- |
| 1 | | |
| 2 | | |
| 3 | | |
| 4 | | |
| 5 | | |
| 6 | | |
| 7 | | |

三、遇到的问题及解决措施

四、个人体会

## 二、编制检测方案（表 3-39）

表 3-39 检测方案

方案名称：____________________

一、任务目标及依据

（填写说明：概括说明本次任务要达到的目标及相关标准和技术资料）

二、工作内容安排

（填写说明：列出工作流程、工作要求、仪器设备和试剂、人员及时间安排等）

| 工作流程 | 工作要求 | 仪器设备及试剂 | 人员 | 时间安排 |
| --- | --- | --- | --- | --- |
| | | | | |
| | | | | |
| | | | | |
| | | | | |
| | | | | |
| | | | | |
| | | | | |
| | | | | |
| | | | | |
| | | | | |

三、验收标准

（填写说明：本项目最终的验收相关项目的标准）

四、有关安全注意事项及防护措施等

（填写说明：对检测的安全注意事项及防护措施，废弃物处理等进行具体说明）

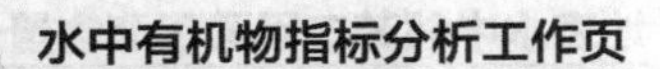


请阅读附录的参考文献，编写塑料瓶装水中邻苯二甲酸二丁酯的测定方案（表3-40）。

**表3-40 测定方案**

| 北京市工业技师学院分析检测中心作业指导书 | 文件编号： |
| --- | --- |
| 主题：塑料瓶装饮料中邻苯二甲酸二丁酯的测定 | 第　页　共　页 |

摘要：

[目的]了解塑料瓶装饮料中邻苯二甲酸酯类(phthalates)化合物的污染水平及其影响因素。

[方法]随机购买市售49种不同品牌的饮料作为研究对象，采用气相色谱法检测饮料中的邻苯二甲酸酯含量。

[结果]饮料中的邻苯二甲酸二丁酯(di-butyl phthalate，DBP)和邻苯二甲酸二(2-乙基己基)酯[di-(2-ethylhexyl) phthalate，DEHP]的检出率分别为98.0%和100.0%，平均含量分别为0.038mg/L和0.071mg/L，邻苯二甲酸二乙酯(di-ethyl phthalate，DEP)未检出。其中，茶饮料中DBP和DEHP的检出浓度范围分别为0～0.047mg/L和0.045～0.146mg/L；果汁饮料中DBP的最高检出浓度达0.127mg/L，DEHP的检出浓度范围为0.060～0.371mg/L；咖啡乳饮料中检出DBP和DEHP的最大值分别为0.081mg/L和0.089mg/L，最小值分别为0.032mg/L和0.033mg/L。果汁饮料和咖啡乳类饮料中DBP的含量均高于茶饮料($P=0.003$和$P=0.002$)，果汁饮料中DEHP的含量高于茶饮料和咖啡乳类饮料($P=0.001$和$P=0.002$)；拟合的线性回归模型结果显示，与茶饮料相比，果汁饮料和咖啡乳饮料中DBP浓度的对数值分别高出0.36个单位和0.50个单位；果汁饮料中DEHP浓度的对数值高于茶饮料0.47个单位，酸性组饮料中DEHP浓度的对数值比弱酸性组饮料高0.30个单位。

[结论]塑料瓶装饮料中DBP、DEHP检出率均很高，不同种类饮料中其含量差异有统计学意义，饮料中邻苯二甲酸酯均在国家规定限值内；但在饮料种类和存储时间固定的条件下，饮料中DEHP含量水平随着pH值变小而增大。

1. 仪器与设备

岛津GC2010气相色谱仪(日本岛津公司)；TGML-16G高速冷冻离心机(上海安亭科学仪器厂)；涡旋混匀器(上海医大仪器厂)；TJ-360超声波发生器(上海生源超声波仪器厂)；ANPEL DC12氮吹仪(上海安普科学仪器有限公司)；Mettle分析天平(梅特勒-托利多仪器公司)。

2. 材料与试剂

邻苯二甲酸酯标准品：DEP(CAS No. 84-66-2，CP，≥99.5%)、DBP(CAS No. 84-74-2，AR，≥99.5%)、DEHP(CAS No. 117-81-7，CP，≥99.0%)，均为化学纯，购自国药集团化学试剂有限公司。正己烷(CAS No. 110-54-3，AR，≥97.0%)，分析纯，购自国药集团化学试剂有限公司，使用前均经蒸馏纯化；高纯氮(上海比欧西，纯度为99.999%)。

3. 样品采集与处理

样品：超市购49种塑料瓶装饮料，种类包括茶饮料、果汁饮料和咖啡奶类饮料等，检测样品覆盖国内各大知名饮料品牌。准确吸取5mL样品于30mL玻璃管中，加入5mL正己烷，涡旋混匀2min，转移至10mL具塞玻璃离心管中，超声振荡提取20min后，以4000r/min离心10min($r=13.0$cm)。吸取上清液于10mL洁净玻璃管中，再以5mL正己烷重复提取一次，合并提取液经0.22$\mu$m微孔滤膜过滤后，45℃氮吹浓缩至近干，加正己烷定容到200$\mu$L，转入气相色谱专用样品管待测。本实验过程中禁止使用塑料制品。

4. 气相色谱分析条件

载气：$N_2$；总流量：74.8mL/min；柱流量：2.32mL/min；色谱柱：HP-5 MS毛细管柱(30m×0.25mm×0.25$\mu$m)；进样方式：自动，不分流；进样量：1$\mu$L；进样口温度：280℃；检测器：氢火焰离子化检测器(FID)；检测器温度：330℃；柱温程序：采用程序升温法，初温150℃，2min后以20℃/min升温至300℃，保持5min；离子化方式：氢火焰离子化(FI)；信号采集：采样速度40m/s。

5. 标准曲线

标准曲线：分别准确吸取一定量的DEP、DBP和DEHP混合标准储备液，用正己烷配制成一系列混合标准溶液，分别为0.5mg/L、1.0mg/L、5.0mg/L、10.0mg/L、20.0mg/L，自动进样量为每次1$\mu$L，反复测定6次，以峰面积对溶液浓度做线性回归分析。结果，3种邻苯二甲酸酯在0.5～20.0mg/L浓度范围内线性关系良好，其相关系数均大于0.999。

6. 回收率与精密度试验

随机选取10个不同品种的饮料，在3个浓度水平进行加标回收试验，由结果可知，当添加水平为0.02～0.20mg/L时，平均加标回收率为81.4%～106.3%，相对标准偏差为2.5%～8.3%，可满足塑料瓶装饮料中邻苯二甲酸酯的分析要求。饮料中加DEP、DBP、DEHP标准品的色谱图如下图所示。

续表

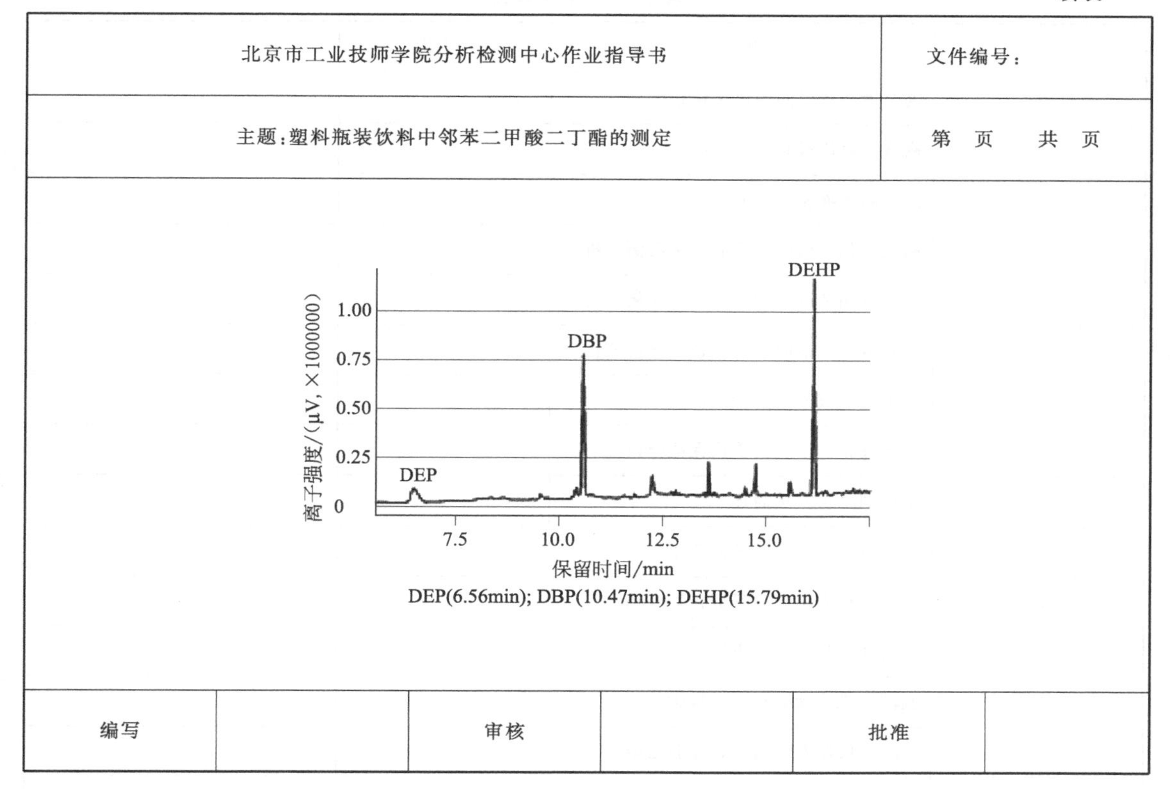

| 北京市工业技师学院分析检测中心作业指导书 | | | | 文件编号: | |
|---|---|---|---|---|---|
| 主题:塑料瓶装饮料中邻苯二甲酸二丁酯的测定 | | | | 第　页　　共　页 | |
| 离子强度/(μV, ×1000000)<br>保留时间/min<br>DEP(6.56min); DBP(10.47min); DEHP(15.79min) | | | | | |
| 编写 | | 审核 | | 批准 | |



- **小知识**

试剂级别分类方式如下:

优级纯(GR,绿标签):主成分含量很高、纯度很高,适用于精确分析和研究工作,有的可作为基准物质。

分析纯(AR,红标签):主成分含量很高、纯度较高,干扰杂质很低,适用于工业分析及化学实验,相当于国外的 ACS 级(美国化学协会标准)。

化学纯(CP,蓝标签):主成分含量高、纯度较高,存在干扰杂质,适用于化学实验和合成制备。

实验纯(LR,黄标签):主成分含量高,纯度较差,杂质含量不做选择,只适用于一般化学实验和合成制备。

指示剂和染色剂(ID 或 SR,紫标签):要求有特有的灵敏度。

指定级(ZD):按照用户要求的质量控制指标,为特定用户定做的化学试剂。

电子纯(MOS):适用于电子产品生产中,电性杂质含量极低。

当量试剂(3N、4N、5N):主成分含量分别为 99.9%、99.99%、99.999%以上。

光谱纯:主要成分纯度为 99.99%。

## 三、拓展能力

每个学生选择一个课题(表 3-41),准备材料,进行展示(可采用 PPT、海报等形式)。

要求:每个项目只能最多 2 人选择,而且内容如果雷同,视为舞弊。

表 3-41　课题题目

| 编号 | 题目 | 选择人姓名 | |
|---|---|---|---|
| 1 | 高效液相色谱品牌市场调查 | | |
| 2 | 高液相色谱最新产品介绍 | | |
| 3 | 国产高效液相色谱的前景分析 | | |
| 4 | 高效液相色谱应用食品领域案例分析 | | |
| 5 | 高效液相色谱应用药物领域案例分析 | | |
| 6 | 高效液相色谱应用环境领域案例分析 | | |
| 7 | 完整高效液相色实验设计 | | |
| 8 | 高效液相色谱实验质量保证分析 | | |
| 9 | 增塑剂分析方法简述 | | |
| 10 | 质谱分析方法之离子源介绍 | | |
| 11 | 质谱分析方法之质量分析器介绍 | | |
| 12 | 水溶性维生素分析方法探索 | | |
| 13 | 脂溶性维生素分析方法探索 | | |
| 14 | HPLC 仪器安装与验收经验之谈 | | |
| 15 | 浅谈液相色谱检测器 | | |
| 16 | 浅谈液相色谱前处理技术 | | |
| 17 | 浅谈液相色谱分析方法的优化 | | |
| 18 | 阐述一篇最新液相色谱分析的文献 | | |
| 19 | 亲和色谱的应用阐述 | | |
| 20 | 凝胶色谱分析方法 | | |
| 21 | 离子交换色谱分析方法 | | |
| 22 | 电泳色谱分析方法 | | |
| 23 | 检测中心流程介绍 | | |
| 24 | 实验室设计及管理注意事项 | | |
| 25 | 高液相色谱使用注意事项总结 | | |
| 26 | 食品安全液相色谱分析技术方面分析 | | |
| 27 | 实验室样品前处理仪器介绍 | | |
| 28 | 液相色谱柱的选择 | | |
| 29 | 分析检测领域年度热点话题综述 | | |
| 30 | 采用液相色谱技术的国标案例分析 | | |

## 四、评价（表3-42）

请你根据下表要求对本活动中的工作和学习情况进行打分。

表3-42 评价

| 评分项目 | | | 配分 | 评分细则 | 自评得分 | 小组评价 | 教师评价 |
|---|---|---|---|---|---|---|---|
| 素养（20分） | 纪律情况（5分） | 不迟到，不早退 | 2分 | 违反一次不得分 | | | |
| | | 积极思考回答问题 | 2分 | 根据上课统计情况得1～2分 | | | |
| | | 有书本笔，无手机 | 1分 | 违反规定不得分 | | | |
| | | 执行教师命令 | 0分 | 此为否定项，违规酌情扣10～100分，违反校规按校规处理 | | | |
| | 职业道德（5分） | 与他人合作 | 3分 | 不符合要求不得分 | | | |
| | | 认真钻研 | 2分 | 按认真程度得1～2分 | | | |
| | 5S（5分） | 场地、设备整洁干净 | 3分 | 合格得3分；不合格不得分 | | | |
| | | 服装整洁，不佩戴饰物 | 2分 | 合格得2分；违反一项扣1分 | | | |
| | 职业能力（5分） | 总结能力 | 3分 | 视总结清晰流畅，问题清晰措施到位情况得1～3分 | | | |
| | | 沟通能力 | 2分 | 总结汇报良好沟通得1～2分 | | | |
| 核心技术（60分） | 技术总结（20分） | 语言表达 | 3分 | 视流畅通顺情况得1～3分 | | | |
| | | 关键步骤提炼 | 5分 | 视准确具体情况得5分 | | | |
| | | 问题分析 | 5分 | 能正确分析出现问题得1～5分 | | | |
| | | 时间要求 | 2分 | 在60min内完成总结得2分，超过5min扣1分 | | | |
| | | 体会收获 | 5分 | 有学习体会收获得1～5分 | | | |
| | 塑料瓶装饮料中邻苯二甲酸二丁酯含量测定方案（24分） | 资料使用 | 3分 | 正确查阅国家标准得3分；错误不得分 | | | |
| | | 目标依据 | 3分 | 正确完整得3分；基本完整扣2分 | | | |
| | | 工作流程 | 3分 | 工作流程正确得3分；错一项扣1分 | | | |
| | | 工作要求 | 3分 | 要求明确清晰得3分；错一项扣1分 | | | |
| | | 人员 | 3分 | 分工明确，任务清晰得3分；不明确一项扣1分 | | | |
| | | 验收标准 | 3分 | 标准查阅正确完整得3分；错/漏一项扣1分 | | | |
| | | 仪器试剂 | 3分 | 完整正确得3分；错/漏一项扣1分 | | | |
| | | 安全注意事项及防护 | 3分 | 完整正确措施有效得3分；错/漏一项扣1分 | | | |
| | 课题PPT展示（16分） | 资料查找 | 3分 | 能从专业网站查找和自己总结得1～3分 | | | |
| | | 课题要求 | 4分 | 内容丰富充实，覆盖面广，准确，且具有自己的理解和创新得1～4分；选题重复和内容雷同扣1～4分 | | | |
| | | 课题掌握要求 | 3分 | 展示者能够准确回答评委的问题 | | | |
| | | 展示形式 | 3分 | 形式新颖，简洁明了得1～3分 | | | |
| | | 展示过程 | 3分 | 形象得体，语言流畅，讲解清楚得1～3分 | | | |

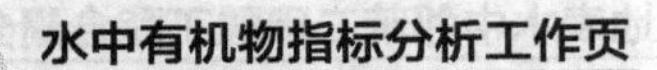


续表

<table>
<tr><th colspan="3">评分项目</th><th>配分</th><th>评分细则</th><th>自评得分</th><th>小组评价</th><th>教师评价</th></tr>
<tr><td rowspan="4">工作页完成情况（20分）</td><td rowspan="4">按时完成工作页（20分）</td><td>按时提交</td><td>5分</td><td>按时提交得5分，迟交不得分</td><td></td><td></td><td></td></tr>
<tr><td>完成程度</td><td>5分</td><td>按情况分别得1～5分</td><td></td><td></td><td></td></tr>
<tr><td>回答准确率</td><td>5分</td><td>视情况分别得1～5分</td><td></td><td></td><td></td></tr>
<tr><td>书面整洁</td><td>5分</td><td>视情况分别得1～5分</td><td></td><td></td><td></td></tr>
<tr><td colspan="5">总分</td><td></td><td></td><td></td></tr>
<tr><td colspan="5">综合得分（自评20%，小组评价30%，教师评价50%）</td><td colspan="3"></td></tr>
<tr><td colspan="4">教师评价签字：</td><td colspan="4">组长签字：</td></tr>
<tr><td colspan="8">请你根据以上打分情况，对本活动当中的工作和学习状态进行总体评述（从素养的自我提升方面、职业能力的提升方面进行评述，分析自己的不足之处，描述对不足之处的改进措施）。</td></tr>
<tr><td colspan="8">教师指导意见</td></tr>
</table>

## 项目总体评价（表 3-43）

表 3-43 项目总体评价

| 项次 | 项目内容 | 权重 | 综合得分<br>（各活动加权平均分×权重） | 备注 |
| --- | --- | --- | --- | --- |
| 1 | 接收任务 | 10% | | |
| 2 | 制定方案 | 20% | | |
| 3 | 实施检测 | 45% | | |
| 4 | 验收交付 | 10% | | |
| 5 | 总结拓展 | 15% | | |
| 6 | 合计 | | | |
| 7 | 本项目合格与否 | | 教师签字： | |
| 请你根据以上打分情况，对本项目当中的工作和学习状态进行总体评述（从素养的自我提升方面、职业能力的提升方面进行评述，分析自己的不足之处，描述对不足之处的改进措施）。 | | | | |
| 教师指导意见 | | | | |

## 学习任务四

# 地表水中多环芳烃含量分析

# 任务书

## 一、任务情景描述

现有投资方对焦化厂公园进行投资升级，北京焦化厂南厂区设计为商业区，写字楼等商业配套正在即将开工建设。但是，由于其所处位置为焦化厂工业遗址附近，焦化厂在运营期间产生大量炼焦副产物，炼焦副产物中存在多环芳烃等有机物，可能影响企业立项前的环境评估。投资方委托我院检测中心对焦化厂地表水中的多环芳烃指标进行检测，中心决定由高级工来完成。请你按照水质标准要求，制定检测方案，完成分析检测，并给该投资公司出具检测报告。

工作过程符合 5S 规范，检测过程符合 GB 3838—2002 标准要求。

## 二、学习活动及课时分配表（表4-1）

表 4-1　学习活动及学时安排

| 活动序号 | 学习活动 | 学时安排 | 备　注 |
| --- | --- | --- | --- |
| 1 | 接受任务 | 6 学时 | |
| 2 | 制定方案 | 12 学时 | |
| 3 | 实施检测 | 20 学时 | |
| 4 | 验收交付 | 4 学时 | |
| 5 | 总结拓展 | 6 学时 | |

# 学习活动一　接受任务

本活动将进行 6 学时，通过该活动，我们要明确“分析测试业务委托书”（表 4-3）中任务的工作要求，完成离子含量的测定任务。具体工作步骤及要求见表 4-2。

**表 4-2　具体工作步骤及要求**

| 序号 | 工作步骤 | 要　　求 | 学时 | 备注 |
| --- | --- | --- | --- | --- |
| 1 | 识读任务书 | 能快速准确明确任务要求并清晰表达，在教师要求的时间内完成，能够读懂委托书各项内容，离子特征与特点 | 1.0 学时 | |
| 2 | 确定检测方法和仪器设备 | 能够选择任务需要完成的方法，并进行时间和工作场所安排，掌握相关理论知识 | 3.0 学时 | |
| 3 | 编制任务分析报告 | 能够清晰地描写任务认知与理解等，思路清晰，语言描述流畅 | 1.5 学时 | |
| 4 | 评价 | | 0.5 学时 | |

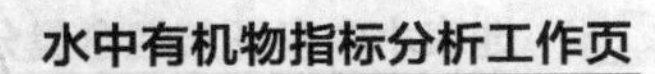


**表 4-3　北京市工业技师学院分析测试中心**

**分析测试业务委托书**

批号：　　　　　　　　　　　记录格式编号：AS/QRPD002-10

| 顾客产品名称 | 地表水 | 数　量 | 1L |
|---|---|---|---|
| 顾客产品描述 | | | |
| 顾客指定的用途 | | | |
| 顾客委托分析测试事项情况记录 | | | |
| 测试项目或参数 | 多环芳烃 | | |
| 检测类别 | □咨询性检测　√仲裁性检测　□诉讼性检测 | | |
| 期望完成时间 | □普通　年　月　日　√加急　年　月　日　□特急　年　月　日 | | |
| 顾客对其产品及报告的处置意见 | | | |
| 产品使用完后的处置方式 | □顾客随分析测试报告回收；<br>□按废物立即处理；<br>□按副样保存期限保存　√3 个月　□6 个月　□12 个月　□24 个月 | | |
| 检测报告载体形式 | □纸质　□软盘　√电邮 | 检测报告送达方式 | □自取　□普通邮寄<br>□传真　√电邮 |
| 顾客名称（甲方） | 北京北希望投资公司 | 单位名称（乙方） | 北京市工业技师学院分析测试中心 |
| 地　址 | 北京朝阳区化工路 | 地址 | 北京市朝阳区化工路 51 号 |
| 邮政编码 | 101111 | 邮政编码 | 100023 |
| 电话 | 010-56930400 | 电话 | 010-67383433 |
| 传真 | 010-56930500 | 传真 | 010-67383433 |
| E-mail | Beijing@cti-cert. com | E-mail | chunfangli@msn. com |
| 甲方委托人（签名） | | 甲方受理人（签名） | |
| 委托日期 | 年　月　日 | 受理日期 | 年　月　日 |

注：1. 本委托书与院 ISO 9001　顾客财产登记表（AS/QRPD754—01 表）等效。

2. 本委托书一式三份，甲方执一份，乙方执两份。甲方“委托人”和乙方“受理人”签字后协议生效。

## 一、识读任务书

1. 请同学们用红色笔划出委托单当中的关键词，并把关键词抄在下面横线上。

2. 请你从关键词中选择词语组成一句话，说明该任务的要求。（要求：其中包含时间、地点、人物以及事件的具体要求）

3. 委托书中需要检测的项目有：多环芳烃苯并芘、荧蒽，请用化学符号进行表示（表 4-4）。

**表 4-4 检测项目**

| 序号 | 待测项目 | 化学符号 |
|---|---|---|
| 1 | 苯并芘 | |
| 2 | 荧蒽 | |

4. 任务要求我们检测地表水中多环芳烃指标，请你回忆一下，之前检测过水中哪些有机物指标，采用的是什么方法？这种方法有哪些优点？（表 4-5）

**表 4-5 测定方法**

| 水中有机物 | 测定方法 | 优点 |
|---|---|---|
| | | |

5. 在之前学习过的饮用水中有机物测定项目中，你认为难度最大的环节是什么？最需要加强练习的环节又是什么？（不少于三条）

（1）

（2）

（3）

6. 通过查阅相关标准，地表水中多环芳烃测定的主要步骤是什么？

（1）

（2）

（3）

（4）

(5) ____________________

7. 请查阅《地表水中多环芳烃的测定液相色谱法》GB/T ________，并以表格形式罗列出适合该标准的各离子浓度范围（表 4-6）。

**表 4-6 阳离子浓度适用范围**

| 序号 | 阳离子 | 浓度适用范围/(mg/L) |
|---|---|---|
| 1 | 苯并芘 | |
| 2 | 荧蒽 | |

如果不在此范围内，怎样进行测定？

____________________

## 二、确定检测方法和仪器设备

1. 任务书要求____天内完成该项任务，那么我们选择什么样的检测方法来完成呢？回忆一下之前所完成的工作，方法的选择一般有哪些注意事项？小组讨论完成，列出不少于 3 点，并解释。

(1) ____________________

(2) ____________________

(3) ____________________

2. 请查阅相关国标，并以表格形式罗列出检测项目都有哪些检测方法、特征（表 4-7）。

**表 4-7 检测方法及特征**

| 序号 | 项目 | 国标 | 检测方法 | 特征(主要仪器设备) |
|---|---|---|---|---|
| 1 | 苯并芘 | | | |
| | | | | |
| | | | | |
| | | | | |
| | | | | |
| 2 | 荧蒽 | | | |
| | | | | |
| | | | | |
| | | | | |
| | | | | |

3. 谈谈你对仲裁性检测的理解是什么？(不少于三条)

(1) ____________________

(2) ____________________

(3)

4. 检测方法如何达到加急的要求？(不少于三条)

(1)

(2)

(3)

## 三、编写任务分析报告（表 4-8）

表 4-8 任务分析报告

1. 基本信息

| 序号 | 项　　目 | 名　　称 | 备　　注 |
|---|---|---|---|
| 1 | 委托任务的单位 | | |
| 2 | 项目联系人 | | |
| 3 | 委托样品 | | |
| 4 | 检验参照标准 | | |
| 5 | 委托样品信息 | | |
| 6 | 检测项目 | | |
| 7 | 样品存放条件 | | |
| 8 | 样品处置 | | |
| 9 | 样品存放时间 | | |
| 10 | 出具报告时间 | | |
| 11 | 出具报告地点 | | |

2. 任务分析

(1)地表水中苯并芘、荧蒽分别采用了哪些检测方法？

(2)针对地表水中上述两种多环芳烃不同的检测方法你准备选择哪一种？选择的依据是什么？

| 序号 | 检测项目 | 选择方法 | 选择依据 |
|---|---|---|---|
| 1 | 苯并芘 | | |
| 2 | 荧蒽 | | |

(3)选择方法所使用的仪器设备列表。

| 序号 | 项目 | 检测方法 | 主要仪器设备 |
|---|---|---|---|
| 1 | 苯并芘 | | |
| 2 | 荧蒽 | | |

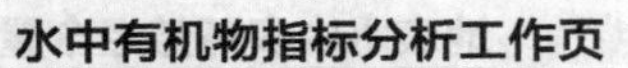


## 四、评价（表 4-9）

表 4-9　评价

| 项次 | 项目要求 | | 配分 | 评分细则 | 自评得分 | 小组评价 | 教师评价 |
|---|---|---|---|---|---|---|---|
| 素养（20 分） | 纪律情况（5 分） | 按时到岗，不早退 | 2 分 | 缺勤全扣，迟到、早退出现一次扣 1 分 | | | |
| | | 积极思考回答问题 | 2 分 | 根据上课统计情况得 1～2 分 | | | |
| | | 学习用品准备 | 1 分 | 自己主动准备好学习用品并齐全得 1 分 | | | |
| | | 执行教师命令 | 0 分 | 此为否定项，违规酌情扣 10～100 分，违反校规按校规处理 | | | |
| | 职业道德（6 分） | 主动与他人合作 | 2 分 | 主动合作得 2 分；被动合作得 1 分 | | | |
| | | 主动帮助同学 | 2 分 | 能主动帮助同学得 2 分；被动得 1 分 | | | |
| | | 严谨、追求完美 | 2 分 | 对工作精益求精且效果明显得 2 分；对工作认真得 1 分；其余不得分 | | | |
| | 5S（4 分） | 桌面、地面整洁 | 2 分 | 自己的工位桌面、地面整洁无杂物，得 3 分；不合格不得分 | | | |
| | | 物品定置管理 | 2 分 | 按定置要求放置得 2 分；其余不得分 | | | |
| | 阅读能力（5 分） | 快速阅读能力 | 5 分 | 能快速准确明确任务要求并清晰表达得 5 分；能主动沟通在指导后达标得 3 分；其余不得分 | | | |
| 核心技术（60 分） | 识读任务书（20 分） | 委托书各项内容 | 5 分 | 能全部掌握得 5 分；部分掌握得 2～3 分；不清楚不得分 | | | |
| | | 多环芳烃测定方法的优点及难点 | 5 分 | 总结全面到位得 5 分；部分掌握得 3～4 分；不清楚不得分 | | | |
| | | 多环芳烃测定标准查阅及总结 | 5 分 | 全部阐述清晰得 5 分；部分阐述得 3～4 分；不清楚不得分 | | | |
| | | 多环芳烃危害及防治 | 5 分 | 全部阐述清晰得 5 分；部分阐述得 3～4 分；不清楚不得分 | | | |
| | 列出检测方法和仪器设备（15 分） | 每种多环芳烃检测方法的罗列齐全 | 5 分 | 方法齐全，无缺项得 5 分；每缺一项扣 1 分，扣完为止 | | | |
| | | 列出的相对应的仪器设备齐全 | 5 分 | 齐全无缺项得 5 分；有缺项扣 1 分；不清楚不得分 | | | |
| | | 对仲裁性及加急检测的理解与要求 | 5 分 | 全部阐述清晰得 5 分；部分阐述得 3～4 分；不清楚不得分 | | | |
| | 任务分析报告（25 分） | 基本信息准确 | 5 分 | 能全部掌握得 5 分；部分掌握得 1～4 分；不清楚不得分 | | | |
| | | 每种多环芳烃最终选择的检测方法合理有效 | 5 分 | 全部合理有效得 5 分；有缺项或者不合理扣 1 分 | | | |
| | | 检测方法选择的依据阐述清晰 | 5 分 | 清晰得 5 分；有缺陷或者无法解释的每项扣 1 分 | | | |
| | | 选择的检测方法与仪器设备匹配 | 5 分 | 已选择的检测方法的仪器设备清单齐全，得 5 分；有缺项或不对应的扣 1 分 | | | |
| | | 文字描述及语言 | 5 分 | 语言清晰流畅得 5 分；文字描述不清晰，但不影响理解与阅读得 3 分；字迹潦草无法阅读不得分 | | | |

续表

<table>
<tr><td>项次</td><td colspan="2">项目要求</td><td>配分</td><td>评分细则</td><td>自评得分</td><td>小组评价</td><td>教师评价</td></tr>
<tr><td rowspan="5">工作页完成情况（20分）</td><td rowspan="5">按时、保质保量完成工作页（20分）</td><td>按时提交</td><td>4分</td><td>按时提交4分，迟交不得分</td><td></td><td></td><td></td></tr>
<tr><td>书写整齐度</td><td>3分</td><td>文字工整、字迹清楚</td><td></td><td></td><td></td></tr>
<tr><td>内容完成程度</td><td>4分</td><td>按完成情况分别得1～4分</td><td></td><td></td><td></td></tr>
<tr><td>回答准确率</td><td>5分</td><td>视准确率情况分别得1～5分</td><td></td><td></td><td></td></tr>
<tr><td>有独到的见解</td><td>4分</td><td>视见解程度分别得1～4分</td><td></td><td></td><td></td></tr>
<tr><td colspan="3">合计</td><td>100分</td><td></td><td></td><td></td><td></td></tr>
<tr><td colspan="5">总分[加权平均分（自评20%，小组评价30%，教师50%）]</td><td></td><td></td><td></td></tr>
<tr><td colspan="4">组长签字：</td><td colspan="4">教师评价签字：</td></tr>
<tr><td colspan="8">请你根据以上打分情况，对本活动当中的工作和学习状态进行总体评述（从素养的自我提升方面、职业能力的提升方面进行评述，分析自己的不足之处，描述对不足之处的改进措施）。</td></tr>
<tr><td colspan="8">教师指导意见</td></tr>
</table>

# 学习活动二　制定方案

**建议学时**：12学时

**学习要求**：通过对地表水中钠、铵、钾、镁和钙离子的测定方法的分析，编制工作流程表、仪器设备清单，完成检测方案的编制。具体要求见表4-10。

**表4-10　具体工作步骤及学时安排**

| 序号 | 工作步骤 | 要求 | 学时 | 备注 |
|---|---|---|---|---|
| 1 | 编制工作流程 | 在45min内完成，流程完整，确保检测工作顺利有效完成 | 2.0学时 | |
| 2 | 编制仪器设备清单 | 仪器设备、材料清单完整，满足离子色谱检测试验进程和客户需求 | 3.5学时 | |
| 3 | 编制检测方案 | 在90min内完成编写，任务描述清晰，检验标准符合客户要求、国标方法要求，工作标准、工作要求、仪器设备等与流程内容一一对应 | 6.0学时 | |
| 4 | 评价 | | 0.5学时 | |

## 一、编制工作流程

1. 我们之前学过检测项目，回忆一下分析检测项目的主要工作流程一般可分为5部分完成，分别是配制溶液、确认仪器状态、验证检测方法、实施分析检测和出具检测报告。

请回忆一下，各部分的主要工作任务有哪些呢？各部分的工作要求分别是什么？大约需要花费多少时间呢（表4-11）？

**表4-11 任务名称：________**

| 序号 | 工作流程 | 主要工作内容 | 评价标准 | 花费时间/h |
|---|---|---|---|---|
| 1 | 配制溶液 | | | |
| 2 | 确认仪器状态 | | | |
| 3 | 验证检测方法 | | | |
| 4 | 实施分析检测 | | | |
| 5 | 出具检测报告 | | | |

2. 请你分析该项目选择的检测方法和作业指导书，写出工作流程，并写出完成的具体工作内容和要求（表4-12）。

**表4-12 工作内容及要求**

| 序号 | 工作流程 | 主要工作内容 | 要求 |
|---|---|---|---|
| 1 | | | |
| 2 | | | |
| 3 | | | |
| 4 | | | |
| 5 | | | |
| 6 | | | |
| 7 | | | |
| 8 | | | |
| 9 | | | |
| 10 | | | |

## 二、编制仪器设备清单

1. 为了完成检测任务，需要用到哪些试剂呢？请列表完成（表4-13）。

表 4-13　试剂规格及配制方法

| 序号 | 试剂名称 | 规格 | 配制方法 |
|---|---|---|---|
| 1 | | | |
| 2 | | | |
| 3 | | | |
| 4 | | | |
| 5 | | | |
| 6 | | | |
| 7 | | | |
| 8 | | | |
| 9 | | | |
| 10 | | | |

2. 为了完成检测任务，需要用到哪些仪器设备呢？请列表完成（表 4-14）。

表 4-14　仪器设备规格及作用

| 序号 | 仪器名称 | 规格 | 作用 | 是否会操作 |
|---|---|---|---|---|
| 1 | | | | |
| 2 | | | | |
| 3 | | | | |
| 4 | | | | |
| 5 | | | | |
| 6 | | | | |
| 7 | | | | |
| 8 | | | | |
| 9 | | | | |
| 10 | | | | |

3. 如何配制 1000mg/L 储备标准溶液的呢（表 4-15）？

表 4-15　配制标准溶液

| 名称/(1000mg/L) | 采用的试剂 | 试剂纯度等级 | 配制方法 |
|---|---|---|---|
| | | | 称量____g,定容至____mL |
| | | | 称量____g,定容至____mL |
| | | | 称量____g,定容至____mL |
| | | | 称量____g,定容至____mL |
| | | | 称量____g,定容至____mL |
| | | | 称量____g,定容至____mL |

举例，写出苯并芘的计算过程。

## 三、编制检测方案（表4-16）

表4-16 检测方案

方案名称：____________

一、任务目标及依据

（填写说明：概括说明本次任务要达到的目标及相关标准和技术资料）

二、工作内容安排

（填写说明：列出工作流程、工作要求、仪器设备和试剂、人员及时间安排等）

| 工作流程 | 工作要求 | 仪器设备及试剂 | 人员 | 时间安排 |
|---|---|---|---|---|
| | | | | |
| | | | | |
| | | | | |
| | | | | |
| | | | | |
| | | | | |
| | | | | |
| | | | | |
| | | | | |
| | | | | |
| | | | | |

三、验收标准

（填写说明：本项目最终的验收相关项目的标准）

四、有关安全注意事项及防护措施等

（填写说明：对检测的安全注意事项及防护措施，废弃物处理等进行具体说明）

## 四、评价（表 4-17）

表 4-17 评价

| 评分项目 | | | 配分 | 评分细则 | 自评得分 | 小组评价 | 教师评价 |
|---|---|---|---|---|---|---|---|
| 素养（20 分） | 纪律情况（5 分） | 不迟到，不早退 | 2 分 | 违反一次不得分 | | | |
| | | 积极思考，回答问题 | 2 分 | 根据上课统计情况得 1～2 分 | | | |
| | | 三有一无（有本、笔、书，无手机） | 1 分 | 违反规定不得分 | | | |
| | | 执行教师命令 | 0 分 | 此为否定项，违规酌情扣 10～100 分，违反校规按校规处理 | | | |
| | 职业道德（5 分） | 与他人合作 | 2 分 | 不符合要求不得分 | | | |
| | | 追求完美 | 3 分 | 对工作精益求精且效果明显得 3 分；对工作认真得 2 分；其余不得分 | | | |
| | 5S（5 分） | 场地、设备整洁干净 | 3 分 | 合格得 3 分；不合格不得分 | | | |
| | | 服装整洁，不佩戴饰物 | 2 分 | 合格得 2 分；违反一项扣 1 分 | | | |
| | 职业能力（5 分） | 策划能力 | 3 分 | 按方案策划逻辑性得 1～3 分 | | | |
| | | 资料使用 | 2 分 | 正确查阅作业指导书和标准得 2 分；错误不得分 | | | |
| | | 创新能力（加分项） | 5 分 | 项目分类、顺序有创新，视情况得 1～5 分 | | | |
| 核心技术（60 分） | 时间（5 分） | 时间要求 | 5 分 | 90min 内完成得 5 分；超时 10min 扣 2 分 | | | |
| | 目标依据（5 分） | 目标清晰 | 3 分 | 目标明确，可测量得 1～3 分 | | | |
| | | 编写依据 | 2 分 | 依据资料完整得 2 分；缺一项扣 1 分 | | | |
| | 检测流程（15 分） | 项目完整 | 7 分 | 完整得 7 分；漏一项扣 1 分 | | | |
| | | 顺序 | 8 分 | 全部正确得 8 分；错一项扣 1 分 | | | |
| | 工作要求（5 分） | 要求清晰准确 | 5 分 | 完整正确得 5 分；错/漏一项扣 1 分 | | | |
| | 仪器设备试剂（10 分） | 名称完整 | 5 分 | 完整、型号正确得 5 分；错/漏一项扣 1 分 | | | |
| | | 规格正确 | 5 分 | 数量型号正确得 5 分；错一项扣 1 分 | | | |
| | 人员（5 分） | 组织分配合理 | 5 分 | 人员安排合理，分工明确得 5 分；组织不适一项扣 1 分 | | | |
| | 验收标准（5 分） | 标准 | 5 分 | 标准查阅正确、完整得 5 分；错/漏一项扣 1 分 | | | |
| | 安全注意事项及防护等（10 分） | 安全注意事项 | 5 分 | 归纳正确、完整得 5 分 | | | |
| | | 防护措施 | 5 分 | 按措施针对性，有效性得 1～5 分 | | | |

续表

| 评分项目 | | | 配分 | 评分细则 | 自评得分 | 小组评价 | 教师评价 |
|---|---|---|---|---|---|---|---|
| 工作页完成情况（20分） | 按时完成工作页（20分） | 按时提交 | 5分 | 按时提交得5分，迟交不得分 | | | |
| | | 完成程度 | 5分 | 按情况分别得1～5分 | | | |
| | | 回答准确率 | 5分 | 视情况分别得1～5分 | | | |
| | | 书面整洁 | 5分 | 视情况分别得1～5分 | | | |
| 总　　分 | | | | | | | |
| 综合得分（自评20%，小组评价30%，教师评价50%） | | | | | | | |
| 教师评价签字： | | | | 组长签字： | | | |

请你根据以上打分情况，对本活动当中的工作和学习状态进行总体评述（从素养的自我提升方面、职业能力的提升方面进行评述，分析自己的不足之处，描述对不足之处的改进措施）。

教师指导意见

# 学习活动三　实施检测

**建议学时**：20 学时

**学习要求**：按照检测实施方案中的内容，完成地表水中多环芳烃测定含量测定，过程中符合安全、规范、环保等 5S 要求，具体要求见表 4-18。

**表 4-18　具体工作步骤及学时安排**

| 序号 | 工 作 步 骤 | 要　　求 | 学时 | 备注 |
| --- | --- | --- | --- | --- |
| 1 | 配制溶液 | 规定时间内完成溶液配制，准确，原始数据记录规范，操作过程规范 | 2.0 学时 | |
| 2 | 确认仪器状态 | 能够在阅读仪器的操作规程指导下，正确的操作仪器，并对仪器状态进行准确判断 | 4.0 学时 | |
| 3 | 检测方法验证 | 能够根据方法验证的参数，对方法进行验证，并判断方法是否合适 | 6.0 学时 | |
| 4 | 实施分析检测 | 严格按照标准方法和作业指导书要求实施分析检测，最后得到样品数据 | 7.5 学时 | |
| 5 | 评价 | | 0.5 学时 | |

## 一、安全注意事项

现在我们要学习一个新的检测任务：地表水中多环芳烃的测定——液相色谱法，请根据以前学过的饮用水中阴离子的检测任务，说明多环芳烃检测需要注意的安全注意事项。

______________________________________________

______________________________________________

______________________________________________

## 二、配制溶液

**阅读学习材料1：标准贮备液配制方法**

（1）配制1000mg/L贮备标准溶液

苯并芘贮备标准溶液：称取适量，用色谱纯甲醇稀释。

（2）配制混合标准工作溶液

吸取适量的贮备液，用色谱纯甲醇稀释至刻度，摇匀。

（3）保存

使用玻璃瓶，保存在暗处及4℃左右（通常可以保存6个月）。

① mg/L浓度的混合标准不能长期保存，应经常配制。

② μg/L浓度的混合标准应在使用前临时配制。

1. 请完成标准贮备液的配制，并做好配制记录（表4-19）。

**表4-19 配制记录**

| 名称/(1000mg/L) | 采用的试剂 | 试剂纯度等级 | 配制方法 |
|---|---|---|---|
| | | | 称量____g,定容至____mL |
| | | | 称量____g,定容至____mL |
| | | | 称量____g,定容至____mL |
| | | | 称量____g,定容至____mL |
| | | | 称量____g,定容至____mL |

2. 你们小组设计的标准工作液浓度是多少？（表4-20）

**表4-20 标准工作液浓度**

| 物质名称 | 混合标准1 /(mg/L) | 混合标准2 /(mg/L) | 混合标准3 /(mg/L) | 混合标准4 /(mg/L) | 混合标准5 /(mg/L) |
|---|---|---|---|---|---|
| | | | | | |
| | | | | | |
| | | | | | |
| | | | | | |
| | | | | | |
| | | | | | |

记录配制过程：

(1) ______

(2) ______

(3) ______

(4) ______

(5) ______

你的小组在配制过程中的异常现象及处理方法：

(1) ______

(2) ______

(3) ______

(4) ______

**阅读学习材料 2：流动相的前处理**

流动相是 HPLC 的推动力，是色谱分离的动力。可以流动的、化学性质相对系统是惰性的液体都可以作为高效液相色谱的流动相。

流动相在进入色谱系统之前，必须过滤和脱气。尤其是使用盐溶液必须过滤，而无在线脱气装置时任何种类的流动相都必须脱气。

过滤使用的微孔滤膜按照材质可以分为水相、有机相和水/有机相均可三种。微孔滤膜按照孔径大小还可以分为 0.45μm、0.22μm 等。一般使用 0.45μm 的就可满足分析要求，使用时一定要注意，否则水相滤膜（硝酸纤维素）会被有机相溶剂溶解，从而达不到过滤作用，同时又污染了色谱纯的流动相。现在的 Nylon66 微孔滤膜一般两相均可使用，比较常用。

流动相的脱气方法有以下几种。

(1) 氦气吹扫：效果好，但是成本高，可在线保护。

(2) 超声脱气：20min，效果一般。

(3) 加热回流：效果较好，但是不适用于混合组分流动相。

(4) 真空脱气：效果好，同样只适用于单组分或无挥发流动相。

(5) 在线脱气：类似于真空脱气方式，但是有膜，脱气时溶剂不挥发。现在使用较多。

3. 你们小组选择的流动相是：______。

记录其前处理过程：

(1) ______

(2) ______

(3) ______

(4) ______

(5) ______

你的小组在配制过程中的异常现象及处理方法：

(1) ______

(2) ______

(3) ______

(4) ______

小测验：请根据你的小组的标准工作曲线的配制记录，进行讨论并设计一个标准溶液的配制详细过程记录表。

## 三、确认仪器状态

液相色谱的流路如下图所示，请独立填写标号名称，完成流路分析。

1. 高效液相色谱仪器的流路需要根据其结构来分析，高效液相色谱仪器由溶剂、高压泵、进样阀、保护柱/分离柱、检测器和数据处理系统组成，请在示意图中，将这些部件的作用在相对应的位置标注。

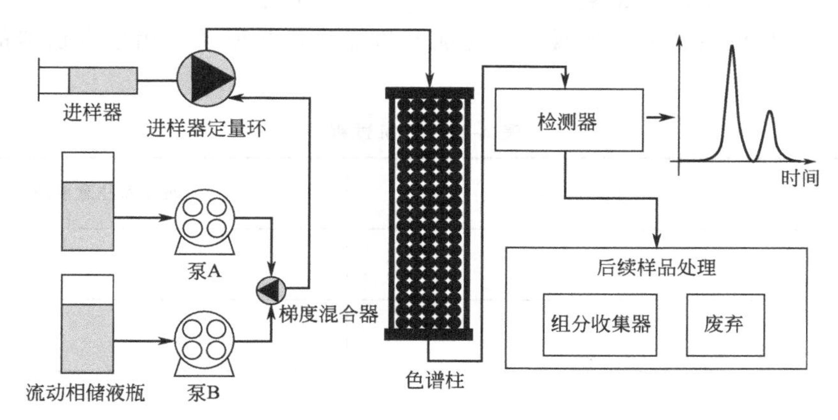


典型的HPLC系统

2. 仪器结构认知，请对照仪器实物及结构示意图，完成仪器结构组成部分的填写。

(1) ____________用于存储流动相。

(2) ____________用来为流动相提供流动动力的。

(3) ____________用来进样的。

(4) ____________用来对所进的样品定量的，一般预装规格是 20μL。

(5) ____________是用来分离被测组分的。

(6) ____________是用来检测被测组分含量的。

(7) ____________是进行数据处理的。

3. 在你的实验室有哪些品牌的液相色谱仪，说明同一厂家不同系列的区别（表 4-21）。

**表 4-21 不同品牌液相色谱仪区别**

| 仪器厂家 | 仪器 | 优点 | 缺点 |
|---|---|---|---|
| | | | |
| | | | |
| | | | |

续表

| 仪器厂家 | 仪器 | 优点 | 缺点 |
|---|---|---|---|
| | | | |
| | | | |
| | | | |

4. 新的任务为《地表水中多环芳烃的测定》，液相色谱法测定多环芳烃的流动相和比例为________，选择的色谱柱是________，请你说出更换色谱柱的简要操作方法。

(1) ________

(2) ________

5. 在本标准中选择的检测器型号是________使用波长是________。

6. 请阅读气相色谱仪器操作规程，完成开机操作，并记录气相色谱仪器的开机过程（表 4-22）。

**表 4-22 开机过程**

| 步骤序号 | 内　容 | 现象及注意事项 |
|---|---|---|
| 1 | | |
| 2 | | |
| 3 | | |
| 4 | | |
| 5 | | |

7. 请阅读液相色谱仪器操作规程，完成程序文件、方法文件和批处理表的编辑，并记录各文件的主要参数（表 4-23）。主要说明阳离子系统与阴离子系统在程序文件编制时的不同。

**表 4-23 文件主要参数及含义**

| 文件 | 主要参数及含义 |
|---|---|
| 程序文件 | |
| 方法文件 | |
| 批处理表 | |

8. 按照操作规程，记录仪器状态，并判断仪器状态是否稳定（表 4-24）。

**表 4-24 仪器状态**

| 仪器编号 | | 组　别 | |
|---|---|---|---|
| 参　数 | 数　值 | 是否正常 | 非正常处理方法 |
| | | | |
| | | | |
| | | | |
| | | | |
| | | | |
| | | | |
| | | | |
| | | | |
| | | | |
| | | | |

9. 完成仪器准备确认单（表 4-25）。

**表 4-25 仪器准备确认单**

| 序　号 | 仪 器 名 称 | 状 态 确 认 | |
|---|---|---|---|
| | | 可行 | 否，解决办法 |
| 1 | | | |
| 2 | | | |
| 3 | | | |
| 4 | | | |
| 5 | | | |
| 6 | | | |
| 7 | | | |
| 8 | | | |
| 9 | | | |

## 四、检测方法验证（表 4-26～表 4-29）

**表 4-26　检测方法验证评估表**

记录格式编号：AS/QRPD002—40

| 方法名称 | | | |
|---|---|---|---|
| 方法验证时间 | | 方法验证地点 | |
| 方法验证过程： | | | |
| 方法验证结果：<br><br>验证负责人：　　　　日期： | | | |

| 方法验证人员 | 分　　工 | 签字 |
|---|---|---|
| | | |
| | | |
| | | |
| | | |
| | | |
| | | |
| | | |
| | | |
| | | |
| | | |

**表 4-27 检测方法试验验证报告**

记录格式编号：AS/QRPD002—41

| 方法名称 | | | | | |
|---|---|---|---|---|---|
| 方法验证时间 | | | 方法验证地点 | | |
| 方法验证依据 | | | | | |
| 方法验证结果 | | | | | |
| | | | | | |
| | | | | | |
| | | | | | |
| | | | | | |
| | | | | | |
| | | | | | |
| | | | | | |
| | | | | | |
| | | | | | |
| | | | | | |
| | | | | | |
| | | | | | |
| | | | | | |
| | | | | | |
| | | | | | |
| | | | | | |

验证人： 校核人： 日期：

表 4-28　新检测项目试验验证确认报告

记录格式编号：AS/QRPD002—52

<table>
<tr><td>方法名称</td><td colspan="3"></td></tr>
<tr><td>检测参数</td><td colspan="3"></td></tr>
<tr><td>检测依据</td><td colspan="3"></td></tr>
<tr><td>方法验证时间</td><td></td><td>方法验证地点</td><td></td></tr>
<tr><td>验证人</td><td></td><td>验证人意见</td><td></td></tr>
<tr><td colspan="4">技术负责人意见<br><br>签字：　　　　日期：</td></tr>
<tr><td colspan="4">中心主任意见<br><br>签字：　　　　日期：</td></tr>
</table>

表 4-29　方法验证参数记录表

| 序号 | 参　数 | 工作过程 |
|---|---|---|
| 1 | | |
| 2 | | |
| 3 | | |
| 4 | | |
| 5 | | |
| 6 | | |
| 7 | | |
| 8 | | |
| 9 | | |
| 10 | | |

## 五、实施分析检测

1. 请记录检测过程中出现的问题及解决方法（表 4-30）。

**表 4-30 问题及解决方法**

| 序号 | 出现的问题 | 解决方法 | 原 因 分 析 |
| --- | --- | --- | --- |
| 1 | | | |
| 2 | | | |
| 3 | | | |
| 4 | | | |
| 5 | | | |

2. 请做好实验记录，并且在仪器旁的仪器使用记录上进行签字（表 4-31）。

**表 4-31 实验记录**

| 小组名称 | | 组员 | |
| --- | --- | --- | --- |
| 仪器型号/编号 | | 所在实验室 | |
| 流动相 | | 流动相比例 | |
| 色谱柱类型 | | 泵压 | |
| 检测器类型 | | 波长 | |
| 流速 | | 进样量 | |
| 仪器使用是否正常 | | | |
| 组长签名/日期 | | | |

3. 请你按照方案的时间安排，完成本环节的检测任务，填写表 4-32。

**表 4-32　北京市工业技师学院分析测试中心**

**地表水中多环芳烃的测定原始记录**

编号：GLAC-JL -R058-1　　　　　　　　　　　　序号：

样品类别：　　　　　　　　　　　　　　　　　检测日期：

样品状态：　　　　　　　　　　　　　　　　　与任务书是否一致：□一致　　　　□不一致

不一致的样品编号及相关说明：＿＿＿＿＿＿＿。

检测项目：

检测依据：GB/T 15454—2009 地表水中多环芳烃的测定-液相色谱法

仪器名称：岛津 L-15A 液相色谱　　　　　　　　　仪器编号：00100557

检测地点：JC-106　　　　　　　　　　　　　　　室内温度：　　℃　　　室内湿度：　　%

标准物质标签：见：GLAC-JL-42-　　　　标准物质溶液稀释表(序号：　　　)

| 标准工作液名称 | 编号 | 浓度/(mg/L) | 配制人 | 配制日期 | 失效日期 |
|---|---|---|---|---|---|
| | | | | | |

苯并芘标准物质工作曲线：

| 工作曲线标准物质浓度/(mg/L) | | | | | |
|---|---|---|---|---|---|
| 峰面积 | | | | | |
| 回归方程 | | | | $r$ | |

荧蒽标准物质工作曲线：

| 工作曲线标准物质浓度/(mg/L) | | | | | |
|---|---|---|---|---|---|
| 峰面积 | | | | | |
| 回归方程 | | | | $r$ | |

计算公式：

$$C = M \times D$$

式中　$C$——样品中待测物质含量，mg/L；

$M$——由校准曲线上查得样品中待测物质的含量，mg/L；

$D$——样品稀释倍数。

检测结果：

检出限：检测结果保留三位有效数字

编号：GLAC-JL -R058-1　　　　　　　　　　　　序号：

| 样品编号 | 样品名称 | 标准曲线查得的待测物质含量($M$)/(mg/L) | 稀释倍数($D$) | 测得含量($C$)/(mg/L) | 平均值/(mg/L) | 检测结果/(mg/L) | 测得误差/% | 允许误差/% |
|---|---|---|---|---|---|---|---|---|
| | | | | | | | | |
| | | | | | | | | |
| | | | | | | | | |
| | | | | | | | | |
| | | | | | | | | |
| | | | | | | | | |
| | | | | | | | | |
| | | | | | | | | |

续表

| 样品编号 | 样品名称 | 标准曲线查得的待测物质含量($M$)/(mg/L) | 稀释倍数($D$) | 测得含量($C$)/(mg/L) | 平均值/(mg/L) | 检测结果/(mg/L) | 测得误差/% | 允许误差/% |
|---|---|---|---|---|---|---|---|---|
| | | | | | | | | |
| | | | | | | | | |
| | | | | | | | | |
| | | | | | | | | |
| | | | | | | | | |
| | | | | | | | | |
| | | | | | | | | |
| | | | | | | | | |
| | | | | | | | | |
| | | | | | | | | |
| | | | | | | | | |
| | | | | | | | | |

检测人：　　　　　　　　　　　　　　校核人：

第　　页　　共　　页

请你根据上述检测结果及阅读资料，分析小组的检测结果：

（1）请你分析一下，你的小组检测结果的自平行结果符合要求吗？

______

______

______

______

______

（2）方法空白试验：各组分的测定值均未检出或低于检出限，表明此方法各试验步骤中无外来干扰。请你设计你的小组的方法空白试验的操作，并进行实验。

（3）方法空白加标实验：连续分析 6 个实验室空白加标样品，测试值的 RSD 小于 5%，说明方法的重现性好。你的小组的操作数据是多少呢？

（4）方法的基体加标回收率和相对偏差实验：对基体加标和基体加标平行样进行测定。操作方法与空白加标实验相同，只是把空白替换为样品即可。回收率在 70%～120%，RSD 小于 5%，符合样品质量控制要求，表明方法准确可靠。你的小组的平均回收率是多少？

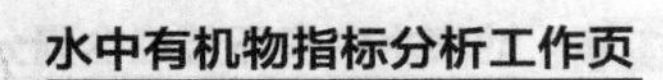


## 六、教师考核表（表 4-33）

表 4-33 教师考核表

| 地表水中多环芳烃的含量分析实施检测方案工作流程评价表 | | | | | | |
|---|---|---|---|---|---|---|
| 第一阶段:配制溶液(10分) | | | 正确 | 错误 | 分值 | 得分 |
| 1 | 处理流动相 | 流动相选择 | | | 4分 | |
| 2 | | 流动相过滤 | | | | |
| 3 | | 流动相脱气 | | | | |
| 4 | | 流动相比例 | | | | |
| 5 | | 废液收集 | | | | |
| 6 | | 流动相保存 | | | | |
| 7 | 配制标准溶液 | 标准溶液药品准备 | | | 4分 | |
| 8 | | 标准溶液药品选择 | | | | |
| 9 | | 标准溶液药品干燥 | | | | |
| 10 | | 标准溶液药品称量 | | | | |
| 11 | | 标准溶液药品转移定容 | | | | |
| 12 | | 标准溶液保存 | | | | |
| 13 | 配制标准工作液 | 标准溶液计算 | | | 2分 | |
| 14 | | 标准溶液移取定容 | | | | |
| 15 | | 标准溶液保存 | | | | |
| 第二阶段:确认仪器设备状态(20分) | | | 正确 | 错误 | 分值 | 得分 |
| 16 | 认知仪器 | 溶剂瓶位置 | | | 5分 | |
| 17 | | 脱气泵位置 | | | | |
| 18 | | 排气阀位置 | | | | |
| 19 | | 泵位置 | | | | |
| 20 | | 压力传感器位置 | | | | |
| 21 | | 蠕动泵位置 | | | | |
| 22 | | 混合器位置 | | | | |
| 23 | | 比例阀位置 | | | | |
| 24 | | 流动相在线脱气位置 | | | | |
| 25 | | 进样阀位置 | | | | |
| 26 | | 样品环位置 | | | | |
| 27 | | 注射器位置 | | | | |
| 28 | | 保护柱/分离柱位置 | | | | |
| 29 | | 检测器的位置 | | | | |
| 30 | | 灯的位置 | | | | |
| 31 | | 废液管位置 | | | | |

续表

| 第二阶段：确认仪器设备状态(20 分) | | | 正确 | 错误 | 分值 | 得分 |
|---|---|---|---|---|---|---|
| 32 | 仪器操作检查 | 确认液相色谱与计算机数据线连接 | | | 15 分 | |
| 33 | | 选择 Chromeleon>Sever Monitor | | | | |
| 34 | | 双击在桌面上的工作站主程序 | | | | |
| 35 | | 打开离子色谱操作控制面板 | | | | |
| 36 | | 选中 Connected 使软件与离子色谱连接 | | | | |
| 37 | | 打开 purge 阀 | | | | |
| 38 | | 按 purge 键 | | | | |
| 39 | | 观察指示灯 | | | | |
| 40 | | 关 purge 键 | | | | |
| 41 | | 设置流速 | | | | |
| 42 | | 开泵 | | | | |
| 43 | | 设置柱箱温度 | | | | |
| 44 | | 设置波长 | | | | |
| 45 | | 开灯 | | | | |
| 46 | | 降低流速 | | | | |
| 47 | | 关灯 | | | | |
| 48 | | 关泵关软件 | | | | |
| 49 | | 关闭计算机、显示器的电源开关 | | | | |
| 第三阶段：检测方法验证(15 分) | | | 正确 | 错误 | 分值 | 得分 |
| 50 | 填写检测方法验证评估表 | | | | 15 分 | |
| 51 | 填写检测方法试验验证报告 | | | | | |
| 52 | 填写新检测项目试验验证确认报告 | | | | | |
| 第四阶段：实施分析检测(20 分) | | | 正确 | 错误 | 分值 | 得分 |
| 53 | 检查流速 | | | | 20 分 | |
| 54 | 检查柱温 | | | | | |
| 55 | 检查波长 | | | | | |
| 56 | 查看基线 15min，稳定后分析 | | | | | |
| 57 | 建立程序文件 | | | | | |
| 58 | 建立方法文件 | | | | | |
| 59 | 建立样品表文件 | | | | | |
| 60 | 加入样品到自动进样器 | | | | | |
| 61 | 启动样品表 | | | | | |
| 62 | 建立标准曲线，曲线浓度填写 | | | | | |
| 63 | 标准曲线线性相关系数 | | | | | |
| 64 | 标准曲线线性方程 | | | | | |
| 65 | 样品检测结果记录 | | | | | |
| 66 | 样品检测结果自平行 | | | | | |

续表

| 第五阶段：原始记录评价(15分) | | 正确 | 错误 | 分值 | 得分 |
|---|---|---|---|---|---|
| 67 | 填写标准溶液原始记录 | | | 15分 | |
| 68 | 填写仪器操作原始记录 | | | | |
| 69 | 填写方法验证原始记录 | | | | |
| 70 | 填写检测结果原始记录 | | | | |
| 饮料中甜蜜素的含量项目分值小计 | | | | 80分 | |
| 综合评价项目 | | 详细说明 | | 分值 | 得分 |
| 1 | 基本操作规范性 | 动作规范准确得3分 | | 3分 | |
| | | 动作比较规范，有个别失误得2分 | | | |
| | | 动作较生硬，有较多失误得1分 | | | |
| 2 | 熟练程度 | 操作非常熟练得5分 | | 5分 | |
| | | 操作较熟练得3分 | | | |
| | | 操作生疏得1分 | | | |
| 3 | 分析检测用时 | 按要求时间内完成得3分 | | 3分 | |
| | | 未按要求时间内完成得2分 | | | |
| 4 | 实验室5S | 试验台符合5S得2分 | | 2分 | |
| | | 试验台不符合5S得1分 | | | |
| 5 | 礼貌 | 对待考官礼貌得2分 | | 2分 | |
| | | 欠缺礼貌得1分 | | | |
| 6 | 工作过程安全性 | 非常注意安全得5分 | | 5分 | |
| | | 有事故隐患得1分 | | | |
| | | 发生事故得0分 | | | |
| 综合评价项目分值小计 | | | | 20分 | |
| 总成绩分值合计 | | | | 100分 | |

## 七、评价（表4-34）

表4-34 评价

| 评分项目 | | | 配分 | 评分细则 | 自评得分 | 小组评价 | 教师评价 |
|---|---|---|---|---|---|---|---|
| 素养(20分) | 纪律情况(5分) | 不迟到，不早退 | 2分 | 违反一次不得分 | | | |
| | | 积极思考回答问题 | 2分 | 根据上课统计情况得1～2分 | | | |
| | | 三有一无(有本笔书，无手机) | 1分 | 违反规定不得分 | | | |
| | | 执行教师命令 | 0分 | 此为否定项，违规酌情扣10～100分，违反校规按校规处理 | | | |
| | 职业道德(5分) | 与他人合作 | 2分 | 不符合要求不得分 | | | |
| | | 追求完美 | 3分 | 对工作精益求精且效果明显得3分；对工作认真得2分；其余不得分 | | | |

续表

| 评分项目 | | | 配分 | 评分细则 | 自评得分 | 小组评价 | 教师评价 |
|---|---|---|---|---|---|---|---|
| 素养（20分） | 5S(5分） | 场地、设备整洁干净 | 3分 | 合格得3分;不合格不得分 | | | |
| | | 服装整洁,不佩戴饰物 | 2分 | 合格得2分;违反一项扣1分 | | | |
| | 职业能力（5分） | 策划能力 | 3分 | 按方案策划逻辑性得1～3分 | | | |
| | | 资料使用 | 2分 | 正确查阅作业指导书和标准得2分;错误不得分 | | | |
| | | 创新能力(加分项) | 5分 | 项目分类、顺序有创新,视情况得1～5分 | | | |
| 核心技术（60分） | 教师考核分______×0.6=______ | | | | | | |
| 工作页完成情况（20分） | 按时完成工作页（20分） | 按时提交 | 5分 | 按时提交得5分,迟交不得分 | | | |
| | | 完成程度 | 5分 | 按情况分别得1～5分 | | | |
| | | 回答准确率 | 5分 | 视情况分别得1～5分 | | | |
| | | 书面整洁 | 5分 | 视情况分别得1～5分 | | | |
| 总分 | | | | | | | |
| 综合得分(自评20%,小组评价30%,教师评价50%) | | | | | | | |
| 教师评价签字: | | | | 组长签字: | | | |

请你根据以上打分情况,对本活动当中的工作和学习状态进行总体评述(从素养的自我提升方面、职业能力的提升方面进行评述,分析自己的不足之处,描述对不足之处的改进措施)。

教师指导意见

# 学习活动四　验收交付

**建议学时**：4学时

**学习要求**：能够对检测原始数据进行数据处理并规范完整的填写报告书，并对超差数据原因进行分析，具体要求见表4-35。

表4-35　具体要求

| 序号 | 工作步骤 | 要求 | 学时 | 备注 |
| --- | --- | --- | --- | --- |
| 1 | 编制数据评判表 | 计算精密度、准确度、相关系数、互平行数据并填写评判表 | 2.0学时 | |
| 2 | 编写成本核算表 | 能计算耗材和其他检测成本 | 1.0学时 | |
| 3 | 填写检测报告书 | 依据规范出具检测报告校对、签发 | 0.5学时 | |
| 4 | 评价 | 按评价表对学生各项表现进行评价 | 0.5学时 | |

## 一、编制数据评判表

1. 对原始记录数据进行计算，并将计算结果填写在原始记录报告单上。

2. 请写出苯并芘含量计算公式、精密度计算公式和质量控制计算公式？

3. 数据评判表（表 4-36）。

表 4-36 数据评判表

(1)相关规定：①精密度≤10%，满足精密度要求
精密度>10%，不满足精密度要求
②相关系数≥0.995 满足要求
相关系数<0.995 不满足要求
③互平行≤15%，满足精密度要求
互平行>15%，不满足精密度要求
④质控范围 90%～120%

(2)实际水平及判断符合准确性要求：是 否

苯并芘

| 内容 | 自平行 | 相关系数 | 质控值 | 互平行性 |
|---|---|---|---|---|
| 实际水平 | | | | |
| 标准值 | — | — | | |
| 判定结果 | | | | |

荧蒽

| 内容 | 自平行 | 相关系数 | 质控值 | 互平行性 |
|---|---|---|---|---|
| 实际水平 | | | | |
| 标准值 | — | — | | |
| 判定结果 | | | | |

思考：若不能满足规定要求时，请分析造成原因？下一步应该如何做？
（提示：个人不能判断时，可进行小组讨论）

## 二、编写成本核算表

1. 请小组讨论，回顾整个任务的工作过程，罗列出我们所使用的试剂耗材，并参考库房管理员提供的价格清单，对此次任务的单个样品使用耗材进行成本估算（表 4-37）。

表 4-37　单个样品使用耗材成本估算

| 序号 | 试剂名称 | 规格 | 单价/元 | 使用量 | 成本/元 |
|---|---|---|---|---|---|
| 1 | | | | | |
| 2 | | | | | |
| 3 | | | | | |
| 4 | | | | | |
| 5 | | | | | |
| 6 | | | | | |
| 7 | | | | | |
| 8 | | | | | |
| 9 | | | | | |
| 10 | | | | | |
| 11 | | | | | |
| 12 | | | | | |
| 13 | | | | | |
| 合计 | | | | | |

2. 工作中，除了试剂耗材成本以外，要完成一个任务，还有哪些成本呢？比如人工成本、固定资产折旧等，请小组讨论，罗列出至少 3 条（表 4-38）。

表 4-38　其他成本估算

| 序号 | 项目 | 单价/元 | 使用量 | 成本/元 |
|---|---|---|---|---|
| 1 | | | | |
| 2 | | | | |
| 3 | | | | |
| 4 | | | | |
| 5 | | | | |
| 6 | | | | |
| 7 | | | | |
| 8 | | | | |
| 9 | | | | |

3. 如何有效地在保证质量的基础上控制成本呢？请小组讨论，罗列出至少 3 条。

(1) ______________________________

______________________________

(2) ______________________________

(3) ______________________________

## 三、填写检测报告书

如果检测数据评判合格，按照报告单的填写程序和填写规定认真填写检测报告书（表4-39）；如果评判数据不合格，需要重新检测数据合格后填写检测报告。

表 4-39 北京市工业技师学院
分析测试中心

# 检 测 报 告 书

检品名称________________________________

被检单位________________________________

报告日期　　年　　月　　日

**检测报告书首页** 北京市工业技师学院分析测试中心

字（20　年）第　号

检品名称＿＿＿＿ 检测类别 委托（送样）

被检单位＿＿＿＿ 检品编号＿＿＿＿

生产厂家＿＿＿＿ 检测目的＿＿＿＿ 生产日期＿＿＿＿

检品数量＿＿＿＿ 包装情况＿＿＿＿ 采样日期＿＿＿＿

采样地点＿＿＿＿ 检品性状＿＿＿＿ 送检日期＿＿＿＿

检测项目＿＿＿＿

检测及评价依据：

本栏目以下无内容

结论及评价：

本栏目以下无内容

检测环境条件：　温度：　相对湿度：　气压：

主要检测仪器设备：

名称　编号　型号

名称　编号　型号

报告编制：　校对：　签发：　盖章

年　月　日

报告书包括封面、首页、正文（附页）、封底，并盖有计量认证章、检测章和骑缝章。

**检测报告书**

| 项目名称 | 限值 | 测定值 | 判定 |
| --- | --- | --- | --- |

报告书包括封面、首页、正文（附页）、封底，并盖有计量认证章、检测章和骑缝章。

## 四、评价（表 4-40）

请你根据下表要求对本活动中的工作和学习情况进行打分。

**表 4-40 评价**

| 项次 | 项目要求 | | 配分 | 评分细则 | 自评得分 | 小组评价 | 教师评价 |
|---|---|---|---|---|---|---|---|
| 素养（20分） | 纪律情况（5分） | 按时到岗，不早退 | 2分 | 违反规定，每次扣2分 | | | |
| | | 积极思考回答问题 | 2分 | 根据上课统计情况得1～2分 | | | |
| | | 三有一无（有本、笔、书，无手机） | 1分 | 违反规定不得分 | | | |
| | | 执行教师命令 | 0分 | 此为否定项，违规酌情扣10～100分，违反校规按校规处理 | | | |
| | 职业道德（10分） | 能与他人合作 | 3分 | 不符合要求不得分 | | | |
| | | 数据填写 | 3分 | 能客观真实得3分；篡改数据得0分 | | | |
| | | 追求完美 | 4分 | 对工作精精益求精且效果明显得4分；对工作认真得3分；其余不得分 | | | |
| | 成本意识（5分） | | 5分 | 有成本意识，使用试剂耗材节约，能计算成本量得5分；达标得3分；其余不得分 | | | |
| 核心技术（60分） | 数据处理（5分） | 能独立进行数据的计算和取舍 | 5分 | 独立进行数据处理得5分；在同学老师的帮助下完成，可得2分 | | | |
| | 评判结果（40分） | 能正确评判工作曲线和相关系数 | 10分 | 能正确评判合格与否得10分；评判错误不得分 | | | |
| | | 能够评判精密度是否合格 | 10分 | 自平行≤5%得10分；5%～10%之间得0～10分；自平行>10%不得分 | | | |
| | | 能够达到互平行标准 | 10分 | 互平行≤10%得10分；10%～15%之间得0～10分；自平行>15%不得分 | | | |
| | | 能够达到质控标准 | 10分 | 能够达到质控值得10分 | | | |
| | 报告填写（15分） | 填写完整规范 | 5分 | 完整规范得5分，涂改填错一处扣2分 | | | |
| | | 能够正确得出样品结论 | 5分 | 结论正确得5分 | | | |
| | | 校对签发 | 5分 | 校对签发无误得5分 | | | |
| 工作页完成情况（20分） | 按时完成工作页（20分） | 及时提交 | 5分 | 按时提交得5分，迟交不得分 | | | |
| | | 内容完成程度 | 5分 | 按完成情况分别得1～5分 | | | |
| | | 回答准确率 | 5分 | 视准确率情况分别得1～5分 | | | |
| | | 有独到的见解 | 5分 | 视见解程度分别得1～5分 | | | |
| 总分 | | | | | | | |
| 加权平均（自评20%，小组评价30%，教师评价50%） | | | | | | | |
| 教师评价签字： | | | 组长签字： | | | | |

请你根据以上打分情况，对本活动当中的工作和学习状态进行总体评述（从素养的自我提升方面、职业能力的提升方面进行评述，分析自己的不足之处，描述对不足之处的改进措施）。

教师指导意见

# 学习活动五 总结拓展

**建议学时**：6学时

**学习要求**：通过本活动总结本项目的作业规范和核心技术并通过同类项目练习进行强化（表4-41）。

表4-41 工作步骤要求

| 序号 | 工作步骤 | 要求 | 学时 | 备注 |
|---|---|---|---|---|
| 1 | 撰写项目总结 | 能在60min内完成总结报告撰写，要求提炼问题有价值，能分析检测过程中遇到的问题 | 2.0学时 | |
| 2 | 编制测定方案 | 在60min内按照要求完成污水中多环芳烃的测定方案的编写 | 3.5学时 | |
| 3 | 评价 | | 0.5学时 | |

## 一、撰写项目总结（表 4-42）

要求：

（1）语言精练，无错别字。

（2）编写内容主要包括：学习内容、体会、学习中的优缺点及改进措施。

（3）要求字数 500 字左右，在 60min 内完成。

**表 4-42 项目总结**

________项目总结

一、任务说明

二、工作过程

| 序号 | 主要操作步骤 | 主要要点 |
| --- | --- | --- |
| 一 | | |
| 二 | | |
| 三 | | |
| 四 | | |
| 五 | | |
| 六 | | |
| 七 | | |

三、遇到的问题及解决措施

四、个人体会

## 二、编制检测方案（表 4-43）

请阅读附录的作业指导书（表 4-44），编写污水中多环芳烃的测定方案。

表 4-43　检测方案

方案名称：________

一、任务目标及依据

（填写说明：概括说明本次任务要达到的目标及相关标准和技术资料）

二、工作内容安排

（填写说明：列出工作流程、工作要求、仪器设备和试剂、人员及时间安排等）

| 工作流程 | 工作要求 | 仪器设备及试剂 | 人员 | 时间安排 |
| --- | --- | --- | --- | --- |
| | | | | |
| | | | | |
| | | | | |
| | | | | |
| | | | | |
| | | | | |
| | | | | |
| | | | | |
| | | | | |
| | | | | |

三、验收标准

（填写说明：本项目最终的验收相关项目的标准）

四、有关安全注意事项及防护措施等

（填写说明：对检测的安全注意事项及防护措施，废弃物处理等进行具体说明）

表 4-44 作业指导书

| 北京市工业技师学院分析检测中心作业指导书 | | | 文件编号： | | |
|---|---|---|---|---|---|
| 主题：污水中多环芳烃的测定 | | | 第1页 共3页 | | |
| 1. 方法原理<br>1.1 萃取：加速溶剂萃取仪是一台可从各种固体或半固体样品中萃取有机组分的自动系统。该方法通过提高溶剂温度加速传统的萃取处理。在萃取池中加压以使萃取过程中萃取池中填充的溶剂始终处于液体状态。加热后，提取物从样品池中冲到收集瓶中以备分析使用。<br>1.2 过柱淋洗：用加速溶剂提取获得的土壤提取液为黄褐色黏稠液体，基体复杂，在用 HPLC 测定前必须净化，本研究选用硅胶柱进行净化。<br>1.3 净化：以溶剂正己烷：二氯甲烷=3：2进行洗脱。<br>1.4 氮吹进行溶剂转化。<br>2. 适用范围：0.08～100mg/L，每小时能测定1个样品。<br>3. 试剂和材料<br>乙腈、二氯甲烷、正己烷、丙酮、甲醇均为色谱纯；16种多环芳烃混合标准液：美国 Supelco 公司；实验用水为二次蒸馏水，0.45μm 膜过滤；商用硅胶柱(1g，6mL)；水系过滤头；1mL 一次性注射器。<br>4. 仪器设备<br>4.1 高效液相色谱仪：LC-10AVP 型，日本岛津公司。<br>4.2 加速溶剂提取仪：戴安 ASE200。<br>4.3 氮吹仪：哈西 Caliper Turbovap Ⅱ。<br>4.4 超声波发生器。<br>5. 色谱条件<br>柱温为20℃；流动相为水/乙腈；流速为1.0mL/min；进样量为10uL；紫外检测器的波长为254nm；荧光检测器发射波长为280nm，激发波长为389nm。<br>6. 试样的制备<br>6.1 萃取<br>取保存于干净棕色瓶内、避光风干后过100目筛的24g样品装入33mL加速溶剂提取仪萃取池中，提取温度100℃，压强1500PSI，1：1二氯甲烷和丙酮静态提取5min，提取液保存于收集瓶中以备用。<br>6.2 过柱淋洗<br>量取10mL提取液，然后过无水硫酸钠，用硅胶柱净化，之后再用3：2正己烷和二氯甲烷淋洗液淋洗，淋洗速度为1mL/min。收集淋洗液。<br>6.3 氮吹<br>高纯氮气吹扫浓缩，用甲醇定容至1mL。用1mL注射器取定容样品液过0.45μm膜后待测。<br>7. 标准溶液的制备<br>采用美国 Supelco 公司制备的16种多环芳烃混合标准液，其原标准溶液浓度分别如下：以甲醇作介质，采用逐级稀释法，分别得到0.0008倍、0.004倍、0.02倍、0.1倍的原标准浓度溶液。此4种溶液作为标准溶液保存于棕色瓶中。<br>8. 数据的分析与计算<br>系统以采集到的标准溶液的峰面积和其浓度，一定条件下，由于浓度与峰面积成正比例，可以计算出标准曲线。利用标准曲线，采用外标法可以计算出所进样品的浓度。 | | | | | |
| 编写 | | 审核 | | 批准 | |

**阅读资料——固相萃取**

固相萃取（Solid-Phase Extraction，简称 SPE）是近年发展起来的一种样品预处理技术，由液固萃取和柱液相色谱技术相结合发展而来，主要用于样品的分离、纯化和浓缩，与传统的液液萃取法相比较可以提高分析物的回收率，更有效地将分析物与干扰组分分离，减少样品预处理过程，操作简单、省时、省力。广泛地应用在医药、食品、环境、商检、化工等领域。

固相萃取是一种用途广泛而且越来越受欢迎的样品前处理技术，它建立在传统的液-液萃取（LLE）基础之上，结合物质相互作用的相似相溶机理和目前广泛应用的 HPLC、GC 中的固定相基本知识逐渐发展起来的。SPE 具有有机溶剂用量少、便捷、安全、高效等特点。SPE 根据其相似相溶机理可分为四种：反相 SPE、正相 SPE、离子交换 SPE、吸附 SPE。

SPE 大多数用来处理液体样品，萃取、浓缩和净化其中的半挥发性和不挥发性化合物，也可用于固体样品，但必须先处理成液体。目前国内主要应用在水中多环芳烃和多氯联苯等有机物质分析，水果、蔬菜及食品中农药和除草剂残留分析，抗生素分析，临床药物分析等方面。

## 三、评价（表 4-45）

请你根据下表要求对本活动中的工作和学习情况进行打分。

表 4-45 评价

| 评分项目 | | | 配分 | 评分细则 | 自评得分 | 小组评价 | 教师评价 |
|---|---|---|---|---|---|---|---|
| 素养（20分） | 纪律情况（5分） | 不迟到，不早退 | 2分 | 违反一次不得分 | | | |
| | | 积极思考回答问题 | 2分 | 根据上课统计情况得 1～2 分 | | | |
| | | 有书本笔，无手机 | 1分 | 违反规定不得分 | | | |
| | | 执行教师命令 | 0分 | 此为否定项，违规酌情扣 10～100 分，违反校规按校规处理 | | | |
| | 职业道德（5分） | 与他人合作 | 3分 | 不符合要求不得分 | | | |
| | | 认真钻研 | 2分 | 按认真程度得 1～2 分 | | | |
| | 5S（5分） | 场地、设备整洁干净 | 3分 | 合格得 3 分；不合格不得分 | | | |
| | | 服装整洁，不佩戴饰物 | 2分 | 合格得 2 分；违反一项扣 1 分 | | | |
| | 职业能力（5分） | 总结能力 | 3分 | 视总结清晰流畅，问题清晰措施到位情况得 1～3 分 | | | |
| | | 沟通能力 | 2分 | 总结汇报良好沟通得 1～2 分 | | | |
| 核心技术（60分） | 技术总结（20分） | 语言表达 | 3分 | 视流畅通顺情况得 1～3 分 | | | |
| | | 关键步骤提炼 | 5分 | 视准确具体情况得 5 分 | | | |
| | | 问题分析 | 5分 | 能正确分析出现问题得 1～5 分 | | | |
| | | 时间要求 | 2分 | 在 60min 内完成总结得 2 分；超过 5min 扣 1 分 | | | |
| | | 体会收获 | 5分 | 有学习体会收获得 1～5 分 | | | |

续表

| 评分项目 | | | 配分 | 评分细则 | 自评得分 | 小组评价 | 教师评价 |
|---|---|---|---|---|---|---|---|
| 核心技术（60分） | 污水中多环芳烃含量测定方案（40分） | 资料使用 | 5分 | 正确查阅国家标准得5分；错误不得分 | | | |
| | | 目标依据 | 5分 | 正确完整得5分；基本完整扣2分 | | | |
| | | 工作流程 | 5分 | 工作流程正确得5分；错一项扣1分 | | | |
| | | 工作要求 | 5分 | 要求明确清晰得5分；错一项扣1分 | | | |
| | | 人员 | 5分 | 人员分工明确，任务清晰得5分；不明确一项扣1分 | | | |
| | | 验收标准 | 5分 | 标准查阅正确完整得5分；错/漏一项扣1分 | | | |
| | | 仪器试剂 | 5分 | 完整正确得5分；错/漏一项扣1分 | | | |
| | | 安全注意事项及防护 | 5分 | 完整正确，措施有效得5分；错/漏一项扣1分 | | | |
| 工作页完成情况（20分） | 按时完成工作页（20分） | 按时提交 | 5分 | 按时提交得5分，迟交不得分 | | | |
| | | 完成程度 | 5分 | 按情况分别得1～5分 | | | |
| | | 回答准确率 | 5分 | 视情况分别得1～5分 | | | |
| | | 书面整洁 | 5分 | 视情况分别得1～5分 | | | |
| 总　分 | | | | | | | |
| 综合得分(自评20%，小组评价30%，教师评价50%) | | | | | | | |
| 教师评价签字： | | | | 组长签字： | | | |

请你根据以上打分情况，对本活动当中的工作和学习状态进行总体评述(从素养的自我提升方面、职业能力的提升方面进行评述，分析自己的不足之处，描述对不足之处的改进措施)。

教师指导意见

## 项目总体评价（表 4-46）

表 4-46　项目总体评价

| 项次 | 项 目 内 容 | 权　重 | 综合得分<br>（各活动加权平均分×权重） | 备　注 |
|---|---|---|---|---|
| 1 | 接收任务 | 10% | | |
| 2 | 制定方案 | 20% | | |
| 3 | 实施检测 | 45% | | |
| 4 | 验收交付 | 10% | | |
| 5 | 总结拓展 | 15% | | |
| 6 | 合计 | | | |
| 7 | 本项目合格与否 | | 教师签字： | |

请你根据以上打分情况，对本项目当中的工作和学习状态进行总体评述（从素养的自我提升方面、职业能力的提升方面进行评述，分析自己的不足之处，描述对不足之处的改进措施）。

教师指导意见